1分間プログラミング

今すぐ書ける

THE ONE MINUTE PROGRAMMING

板垣政樹

KADOKAWA

１分間プログラミングで
逆から学べる

min.

1分間プログラミングとは何か？

なぜ、プログラミングは難しくて、つまらないのか？

今年から小学校でプログラミング学習が必修となり、企業でもプログラミング研修の導入が急激に増えるなど、プログラマーやエンジニア以外の方にとっても「プログラミング」という言葉が身近になってきました。

一方で、プログラミングは難しくて、つまらない、手を出しづらいものという印象を持っている方も多いと思います。

たとえば、皆さんに馴染みがある「音声認識」という技術。スマートフォンに「今日の天気は？」と言えば、その日の天気を教えてくれます。機械があなたのしゃべった内容を理解してくれるのです。

このようなごく身近な機能を実現するためのプログラミングとはどういうものかというと、次のような複雑怪奇なコードの塊です。当然ですが、わからない人にとっては何をやっているのか、何が起きているのか、想像すらできないと思います。

```
using (var SREngine = new SpeechRecognitionEngine(
    new System.Globalization.CultureInfo("ja-JP")))
{
    SREngine.SetInputToDefaultAudioDevice();
    SREngine.SpeechRecognized += e_SpeechRecognized;
    SREngine.LoadGrammar(new DictationGrammar());
    SREngine.Recognize();
```

```
    SREngine.SpeechRecognized -= e_SpeechRecognized;
    SREngine.UnloadAllGrammars();
    SREngine.Dispose();
}
```

　ちなみに、上記は本当に最低限のもので、実際にはもっと多くの
コードが必要になります。そして、音声認識を実現するコードを書く
ために学ばなくてはいけない知識を挙げると、次のように難解そうな
言葉がずらっと並びます。

◦ **変数**
◦ **四則演算**
◦ **制御文**
◦ **関数**
◦ **クラスとオブジェクト**
◦ **データ構造　etc.**

これは
厳しい……

　つまり、普段何気なく使っている音声認識をプログラミングするためには、次のような学習ステップが必要になるのです。

　「しっかりとプログラミングを学習したい」といった強い動機があれば別ですが、「最近よく聞くプログラミングがなんとなく気になる」という理由で学習を始めた方だと、挫折してしまうかもしれません。
　では、簡単なステップでできることはないのでしょうか？　もちろん単純なプログラミング作業でやれることはたくさんあります。ただ、次のようにゴールを低くせざるを得なくなるのです。

四則演算　たし算・ひき算が
できる

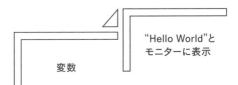

変数　"Hello World"と
モニターに表示

これは
つまらない……

　変数や四則演算の概念を少し覚えても、できることはせいぜいたし算・ひき算。あるいはパソコンに"Hello World"と表示させる程度です。これではプログラミングでコンピューターを動かしている実感を得られませんよね？

　しかし、現在書店で皆さんが見つけられる本は次の2パターンに絞られてしまうのです。

・**本格的なコーディングを学べるが、難しすぎる**
・**簡単なコーディングはできるが、やっていることがつまらない**

　初心者の方がモチベーションをキープしながら学習を進められる環境がない以上、プログラミングはいつまでたっても難しくて、つまらないままなのです。

1行のコードでSiriみたいなことができる

　皆さんがプログラミングでやってみたいことは、普段スマホやパソコンで使っているアプリのようなものを、自分でも作ってみることではないでしょうか。

　そこで本書では、複雑な機能を数行のコードで実現させる「MagicWand（マジックワンド＝魔法の杖）」という仕組みを皆さんのためにご用意しました。これを使うことで、音声認識に必要な複雑なコードはたったの1行でクリアできるようになります。

```
using (var SREngine = new SpeechRecognitionEngine(
    new System.Globalization.CultureInfo("ja-JP")))
{
    SREngine.SetInputToDefaultAudioDevice();
    SREngine.SpeechRecognized += e_SpeechRecognized;
    SREngine.LoadGrammar(new DictationGrammar());
    SREngine.Recognize();

    SREngine.SpeechRecognized -= e_SpeechRecognized;
    SREngine.UnloadAllGrammars();
    SREngine.Dispose();
}
```

↓

```
Magic.Recognize();
```

　この1行だけで、コンピューターはあなたのしゃべったことを理解するようになります。

　つまり、次のようなシンプルな学習ステップが可能になるのです。

それをもとに
プログラミング
を学習する

Siriみたいな
ことができる

たった1行の
コード

　本書では複雑なステップをスキップしてゴールの快感を味わった上
で、「変数は何のためにあるのか」「なぜ制御文を使うのか」といった
プログラミング技術の背景を学ぶことができます。つまり、「プログ
ラミングってこういうことか！　スゴイ！」という実感を味わった上
で、それに必要な基礎を身につけることができるのです。

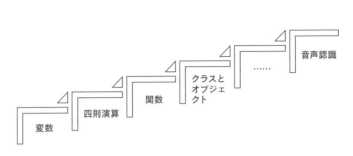

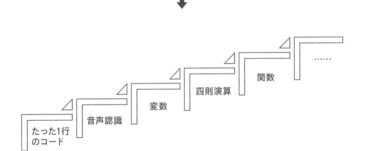

これなら、
ありかも

逆方向に理解するプログラミングの基礎知識

　本書で取り扱うIT技術は音声合成、音声認識、ネットワーク通信、データベース、文字列処理など様々ですが、すべてMagicWandを使って5、6行以内のコーディング作業で実現できるようになっています。

　パソコンが話し出す。対話してくれる。このようなことを誰にでも書ける数行のコードで実現できるようになります。本書が提案する「1分間プログラミング」とは、超簡単なコードで高度な機能を実現した上で基礎を学ぶ、これまでとは真逆の学習スタイルです。これだったらできる……というより、やってみたいと思いませんか？

なるほど！

本書の位置づけ

プログラミングは自転車のようなもの

　プログラミングをやってみようと思った方が悩むのが、どのプログラミング言語を選べばよいかということです。プログラミングの本を見るとPython、C、C++、C#、Javaなど、たくさんのプログラミング言語が存在していることがわかります。それぞれ用途やプラットフォームによって使い分ける必要があるのですが、初心者の方が最初に取り組むものは、何でも構いません。要は自転車と全く同じです。一台の自転車に乗れるようになれば、あとはどの自転車でも乗れるようになります。それは、ペダルに足をかけて踏み込めば前に進むという基礎の部分がどの自転車も共通だからです。プログラミング言語も、コーディングの基礎をいずれかの言語で覚えれば、他の言語にスイッチするのは簡単です。

　また、本書ではMagicWand（魔法の杖）というプログラミングを簡単にするツールを使っています。先ほどの例でいうと電動自転車に近いといえます。ペダルに少し力を入れるだけで、スピードに乗って、勝手に自転車がスイスイ進んでいく感じです。これはロードバイクに乗っている人などからすると、「そんなものは自転車ではない」と言われてしまうでしょう。しかし、自転車に乗るとはどういうことなのか、基本的にどのようなことが必要で、それができるとどういった感動を得られるのか、こういったことを簡単に味わえるという点では、最適なものと言えるわけです。

☞ 1つの言語で基本を覚えれば、どの言語にも応用できる

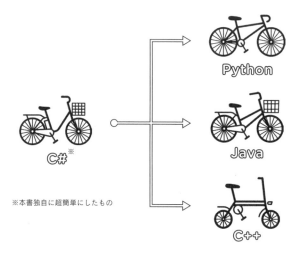

※本書独自に超簡単にしたもの

基本を何度も繰り返すから自然と身につく

　率直に言って、本書で学べることは決して多くありません。しかし、どのようにプログラミングを書き、どう考えるべきなのか、基本的な思考法やコーディングアプローチについて、何度も何度も触れることができる構成にしています。プログラミングの感動を得た後で、基本を繰り返す。こうして身についた知識は決して忘れることがなく、その他の言語を始める際にとても役立ちます。

本書のプログラミング環境

　本書で使うのはC#（シーシャープ）というプログラミング言語で、開発作業に使うのは Microsoft社のVisual Studio（ヴィジュアル・スタジオ）というツールです。この開発環境は次の基準から選びました。

◦ プログラミングのツールが無料で使える
◦ ツールは日本語対応で、インストールが簡単
◦ WindowsでもMacでも同じコーディングができる
◦ 音声機能、データベース機能、ネットワーク機能についての高度な
　 コーディングが簡単にできる

　とにかく開発ツールをインストールしたら、10分以内に最初のコーディング作業が完了できることを目指して、この開発環境を選択しました。プログラミングはコードを書く環境を整えるのに難しい設定をしたり、英語のサイトに行ってダウンロードしたりすることがよくありますが、本書ではそうした煩雑な作業をできるだけ避けるようにしました。

Mac ユーザーもご安心ください

　Macでも同様に無料のVisual Studioを使うことができます。さらにC#のコード自体は .NET Core（ドットネットコア）というマルチプラットフォーム環境に対応した言語を使っているので、WindowsでもMacでも同じコードが使えます。もちろんMacユーザー用のMagicWandも用意しています。ただ、MacにはWindowsのような音

声機能が搭載されていないため、Macユーザーにはちょっとだけ異なったコードを書いてもらいます。巻末のp.198にMacでのVisual Studioのインストールやクラウドサービスの使い方など、Macユーザーがやらなければいけない作業のポイントをまとめてありますので安心してください。

Macでも
できるんだね

SECTION

03

すべての人が「技術を語る」ことを
避けられない時代が来る

なぜ今、プログラミングなのか？

　1分間プログラミングとはどんなものかご理解いただいた上で、もう一点知っていただきたいのは、「なぜ今、プログラミングが必要なのか」ということです。大手IT企業の社長や米国の元大統領までこぞって「これからは誰もがプログラミングの知識を必要とする」と発言していますが、技術に興味のない人にはさっぱりその理由が理解できないと思います。しかし、プログラミングに全く縁のない職場で働いていても、そこでプログラミングの経験が大きな強みになる時代になっているのです。

　皆さんはこんな米国の実情をご存じでしたか？

　米国ではコンピューターサイエンスを専門とするエンジニアの就職先は、IT企業よりも一般企業のほうがはるかに多い。

どゆこと？

　マーケティング用語に「コモディティー化する」という言葉があります。奇抜で素晴らしい商品が世に出てくると、最初は一部の先行企業に独占されていますが、市場が広がって時間がたてば、誰が作ったものでも大差がなくなる、つまりどこにでもあるようなものになるということです。典型的なのはスマートフォンです。最初は物珍しくて一部の高額商品が売れますが、今や誰もが所有するデバイスになり、持っていることは何ら特別なことではなくなっています。

　これと同じように、IT技術も一部の特殊な人が知っていればよい専門知識ではなく、どのような職種でも必要とされるものになっています。つまり、「コモディティー化」がどんどん進んできています。

　皆さんの周囲を見ればわかると思います。老舗のレストランでは顧客データをAI分析することでサービスを向上させ、売上を伸ばしています。どんなに安い自動車でも、すでにソフトウェアなしには動かなくなっていて、自動運転が普及するのも時間の問題です。フードロスや配達要員の人手不足問題もコンピューターによるデータ解析なしには解決不可能です。ありとあらゆる分野で当たり前のようにIT技術やAI技術が急速に導入されていて、それらの技術の基礎となっているのがプログラミングです。どんなにすごい技術であっても、それらはすべて地道なコーディング作業から成り立っています。

全部コーディングで
できてたのか

これが何を意味しているかというと、どのような職業や立場、役割の人であっても常にIT技術を巻き込んだ議論をする機会があり、またそれを期待されているということなのです。ITエンジニアでも一般企業での活躍が求められるようになっているのはそのためです。それは逆に考えると「技術を理解している非技術者」の価値が高まっているということでもあります。

　IT分野でソリューションを考え出すのはエンジニアだけではありません。プログラミングを理解するというのはモノづくりをするためではなく、IT技術を利用した解決策や提案を考え出すために必須の知識なのです。

　これから多くの企業が直面する問題は、多かれ少なかれこうしたIT技術が関わってくることになり、たとえエンジニアでなくともそうした問題に対する見解を求められます。

　そうしたときに、プログラミングを通して技術を作り上げる難しさを肌で感じているのとそうでないのとでは、出てくる案や言葉の深みに雲泥の差が出てくるのです。プログラミングを体験し、学ぶ真の価値はそこにあります。

　本書の「逆から学ぶ」プログラミング学習によって、皆さんがITテクノロジーの知識を身につけ、技術者と非技術者の垣根を越えたコミュニケーションが進む一助になればと願っています。

2020年5月　板垣 政樹

サンプルコードについて

　本書に掲載されているサンプルコードのテキストを、下記のサイトから無料でダウンロードできます。

👉　https://www.kadokawa.co.jp/product/321906000399

　上記のURLへパソコンからアクセスいただくと、テキストデータをダウンロードできます。「1分間プログラミング」のダウンロードボタンをクリックし、ダウンロードしてご利用ください。サンプルコードはコーディング画面にコピー＆ペーストするだけで、ご利用いただけます。ご自身で書籍通りにコードを入力しても、プログラミングが動かないときにご利用ください。

【注意事項】

◦コードテキストのダウンロードはパソコンからのみとなります。携帯電話・スマートフォンからはダウンロードできません
◦ダウンロードページへのアクセスがうまくいかない場合は、お使いのブラウザが最新であるかどうかご確認ください
◦フォルダは圧縮されていますので、解凍したうえでご利用ください
◦なお、本サービスは予告なく終了する場合がございます。あらかじめご了承ください

うまくコードが
書けないときは、
コピペして
使えばいいんだ！

CONTENTS

CHAPTER

サクッとインストール

Visual Studio 2019をサクッとインストール

　プログラミングを扱った書籍で一番つまらないのは、ツールをインストールする工程だと思いますが、なるべく余分な説明を省き、サクッとインストールできるように工夫しました。「CLICK!!」と表示されている箇所をどんどんクリックして、簡単にインストールしてしまいましょう。

ささっと
やっちゃおう！

Visual Studio 2019のダウンロード

　Microsoft社のVisual Studio（ヴィジュアル・スタジオ）を次のサイトからダウンロードします。Visual Studioは高度なプログラミングを書くのをラクにしてくれるソフトです。この段階ではそのようなザックリとした理解だけで問題ないです。

https://visualstudio.microsoft.com/ja/downloads

※本書執筆段階ではVisual Studio 2019が最新バージョンです。

Visual Studio 2019
バージョン 16.5

リリース ノート ›

Android、iOS、Windows、Web、クラウド向
けのフル機能の統合開発環境 (IDE)

エディションの比較 ›
オフラインでインストールする方法 ›

コミュニティ

強力な IDE, 学生, オープ
ンソース貢献者, 個人に
無料

CLICK!!

無料ダウンロード ↓

プレビューのダウンロード ↓

　いくつかあるバージョンの中で、コミュニティというバージョンが
無償版ですので、上記の「無料ダウンロード」をクリックしてくださ
い。

　「開始するためのヒントとリソース」画面が表示されるので、右上の「×」をクリックします。

CLICK!!

開始するためのヒントとリソース

何を構築するのか教えていただければ、役立つヒントをお送りします。

○ Web アプリケーション / サービス　○ モバイル アプリケーション　○ ゲーム
○ デスクトップ アプリケーション　○ その他

メール アドレス

国を選択 ⌄

☐ Visual Studio に関する情報やヒント、リソースを送ってください。サブスクリプションはいつでも解除できます。プライバシー ステートメント

登録する

インストーラーをすぐに実行するか、自分のマシンに保存するかの選択をします。保存しても構いませんが、ここでは即実行しましょう。ブラウザによっては「ファイルを開く」という名称になっていることもあります。

Visual Studio Installer

作業を開始する前に、インストールを構成するためにいくつかの点を設定する必要があります。

プライバシーについて詳しくは、Microsoft プライバシーに関する声明をご覧ください。
続行すると、マイクロソフト ソフトウェア ライセンス条項に同意したことになります。

まずプライバシーやライセンスの確認画面が表示されます。それぞれのリンク先に行くと詳しい内容を読むことができます。問題がなければ「続行」ボタンを押してください。

インストールが完了すると、最初の設定画面が出てきます。

ここでインストールする環境を選択します。「.NETデスクトップ開発」をクリックしてください。すると、右下の「インストール」ボタンの表示が変わるので、クリックしてください。開発環境がインストールされます。ここでいくつもある他の環境を選んでも全く構いません。ただ、プログラミングに初めてチャレンジする方は「.NETデスクトップ開発」だけを選んでください。

パソコンを再起動したら、スタートメニューにVisual Studio 2019が表示されますので、起動します。検索スペースに「Visual Studio」と入力すると表示されるアイコンから起動しても構いません。

Visual Studioが起動すると、Microsoftアカウントにサインインする画面が出てきます。「後で行う。」を選択すると次に進めます。

×

Visual Studio

ようこそ。
すべての開発者サービスをご利用ください。

サインインして、Azure クレジットの使用開始、プライベート Git リポジトリへのコードの公開、設定の同期、IDE のロック解除を行います。

詳細の表示

サインイン(I)

アカウントがありませんか? 作成してください。

CLICK!!

後で行う。

次は簡単なコーディング環境の設定をします。

開発設定は「全般」を選択。配色テーマは開発ウインドウの色を、全体的に明るいトーンにするか暗いトーンにするかの選択です。お好みのものを選んでください。わからなければ変更しなくても構いません。これらはすべて後で変更可能です。

　設定が完了したら、「Visual Studioの開始」をクリックしてください。これでVisual Studioの設定はすべて完了です！
　では、さっそく最初の1行を書いてみましょう！

よっしゃ！

1分間でパソコンに話してもらう

Visual Studioのプロジェクトを作る

　Visual Studioをスタートさせることができるようになったら、まず第一歩は「プロジェクト」を作ることです。コーディング作業はプロジェクトを作ることから始まりますので、本書でもいくつもプロジェクトを作ることになります。最初は戸惑うかもしれませんが、これはすぐに慣れる作業ですので安心してください。

　Visual Studioを立ち上げるとまず出てくるのが「作業の開始」項目の選択画面です。最初にプロジェクトを作成するには「新しいプロジェクトの作成」をクリックしてください。

本書で最初に作るアプリは C# の「コンソールアプリ（.NET Framework）」ですので、それを選択し、「次へ」ボタンをクリックします。今の段階でコンソールとか.Net Frameworkという言葉がわからなくても一切構いません。

新しいプロジェクトを構成します

コンソール アプリ (.NET Framework)　C#　Windows　コンソール　**INPUT!!**

プロジェクト名(N)

Speak1

場所(L)

C:¥Users¥Misawa¥source¥repos

ソリューション名(M) ⓘ

Speak1

☐ ソリューションとプロジェクトを同じディレクトリに配置する(D)

フレームワーク(F)

.NET Framework 4.7.2

CLICK!!

戻る(B)　作成(C)

　プロジェクト名という項目に「Speak1」と入力し、「作成」をク
リックします。それ以外の項目はいじらずにそのままで大丈夫です。
　すると、次のようなコーディング画面が表示されます。

```
Program.cs ⊕ X
C# Speak1                                                    ▾  ⚛ Speak1.Program                    ▾
    1     using System;
    2     using System.Collections.Generic;
    3     using System.Linq;
    4     using System.Text;
    5     using System.Threading.Tasks;
    6
    7     namespace Speak1
    8     {
    9         class Program
   10         {
   11             static void Main(string[] args)
   12             {
   13             }
   14         }
   15     }
   16
```

なんか、
プログラミング
っぽい

「魔法の杖」でパソコンが話し出す

　細かい機能の説明などは後にして、とにかく「パソコンに話してもらう」ということを最優先に進めていきます。

　コード部分に次の2行を書き加えてください。大文字小文字の区別に気をつけて、日本語の「私はパソコンです」の両側にある二重引用符は半角文字で書いてください。

☞【サンプルコード：Speak1-1.txt】

```
using System;
using System.Collections.Generic;
using System.Linq;
using System.Text;
using System.Threading.Tasks;

namespace Speak1
{
    class Program
    {
        static void Main(string[] args)
        {
          string text = "私はパソコンです";
          Magic.Speak(text);
        }
    }
}
```

　2行を書き加えたら、画面上部の「開始」ボタンをクリックしてください。

```
ファイル(F)   編集(E)   表示(V)   プロジェクト(P)   ビルド(B)   デバ   CLICK!!   分析(N)

  ←  →   🔓 ▾ 🔁 💾 💾   🔄 ▾ 🔁 ▾   Debug  ▾  Any CPU       ▾  ▶ 開始 ▾

Program.cs*  ╂  X
Speak1                                              ▾  Speak1.Program
   1  ⊟using System;
   2   using System.Collections.Generic;
   3   using System.Linq;
   4   using System.Text;
   5   using System.Threading.Tasks;
   6
   7  ⊟namespace Speak1
   8   {
   9  ⊟    class Program
  10      {
  11  ⊟        static void Main(string[] args)
  12          {
  13              string text = "私はパソコンです";
  14              Magic.Speak(text);
  15          }
  16      }
  17   }
  18
```

　さあいよいよパソコンが話し出すのかと思いきや、次のようなエラー画面が表示されてしまうはずです。

　このエラーメッセージはコードに問題があった場合に表示されるものです。ここはまず「ビルドエラーが発生しました。続行して、最後に成功したビルドを実行しますか?」という質問に対して「いいえ」をクリックしてウインドウを閉じ、コーディング画面に戻ってください。

　実はこのままではパソコンは話し出しません。「はじめに」でご説明した「魔法の杖」を覚えていますか? プロジェクトにこの「魔法の杖」を入れることが必要なのです。

魔法の杖（MagicWand）の参照作業（プロジェクト）

これからのプログラミング作業ではプロジェクトをいくつも作成していきますが、新しいプロジェクトを作るごとにこの「魔法の杖の参照作業」を必ず行っていきます。作業はすべてVisual Studio内で行いますが、設定するときにはインターネットへの接続が必要です。

Visual Studio画面右部分、「ソリューションエクスプローラー」と書いてあるウインドウの中に、皆さんが今作ったSpeak1というプロジェクト名があるので、それを右クリックしてください。そこから「NuGet（ヌーゲットと発音します）パッケージの管理」を選択します。

「NuGetパッケージマネージャー」が現れるので、そこで画面左上にある「参照」をクリックします。そして、その下の検索ボックスに「MagicWandWin」と入力してください。すると、次のようにMagicWandWinのパッケージが表示されます。

表示されたMagicWandWinをクリックしてください。

クリックすると右サイドに詳細情報が表示されます。そこにある「インストール」をクリックしてください。

　「変更のプレビュー」という確認画面が現れますが、そのまま「OK」をクリックしてください。

　作業はこれだけです。参照がうまくいったかどうかは、右サイドにある「ソリューションエクスプローラー」の「参照」をクリックして確かめてください。その中に「MagicWandWin」があれば正しく参照作業が行われています。

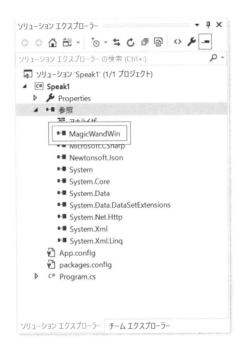

ソリューション エクスプローラー　チーム エクスプローラー

　プロジェクトにMagicWandWinが参照されたら魔法の杖はもう使える状態になっています。ただ、皆さんのコードの中でも参照をする必要があります。そこで先ほど書いたコードに次の1行を加えてください。

☞【サンプルコード：Speak1-2.txt】

```csharp
using System;
using System.Collections.Generic;
using System.Linq;
using System.Text;
using System.Threading.Tasks;
using MagicWand;

namespace Spaek1
{
    class Program
    {
        static void Main(string[] args)
        {
          string text = "私はパソコンです";
          Magic.Speak(text);
        }
    }
}
```

　これで魔法の杖が使えるようになります。これから新しいプロジェクトを作ることに「MagicWandの参照作業を行ってください」と説明があるときは、

① プロジェクト内でNuGet経由でMagicWandWinの参照をする
② コード冒頭にusing MagicWand;を加える

　という2つの参照作業を忘れずに行ってください。

MagicWandのバージョン更新：

MagicWandWinはバグを修正したバージョンが出ている可能性
があります。一度参照したバージョンから最新のバージョンに
更新するには再度参照作業を行うだけでOKです。NuGetの管理
メニューからMagicWandWinを検索すると最新バージョン番号
が表示されます。新しいバージョンがあると「更新」ボタンが
現れますので、それをクリックしてください。

　参照作業が完了したら、コード入力画面上部にあるタブの中から
Program.csのタブをクリックして、コーディング画面に戻ってくだ
さい。その上で先ほどと同じ「開始」ボタンを押してみてください。

　黒い画面が出てくると同時に「ワタシハパソコンデス」とパソコンが話し出すはずです。

　パソコンから声が聞こえない場合、スピーカーの設定に問題があるかもしれません。巻末p.239以降にWindows環境でのスピーカーやマイクの設定についてトラブルシューティングの方法を詳しく説明してありますので、そちらをご覧ください。

へぇ、こんな声だったんだ

後ほど詳しく解説しますが、Visual Studioのプロジェクトでコードを書くと、裏ではアプリが自動的に作成されています。あまり実感がないと思いますが、ここまでで皆さんはもうプログラミングを行い、「パソコンが話す」という、立派なアプリを作っているのです！

そんなすごいこと
したの？

パソコンに色々と話してもらおう

たった3行でパソコンに話してもらうことができました。せっかく
なのでもう少し話してもらいます。先ほど書いたコードの"私はパソ
コンです"の部分を好きな文章に変えて色々と話してもらいましょう。

☞【サンプルコード：Speak1-3.txt】

```
using System;
using System.Collections.Generic;
using System.Linq;
using System.Text;
using System.Threading.Tasks;
using MagicWand;

namespace Speak1
{
    class Program
    {
        static void Main(string[] args)
        {
            string text = "今日はいい天気です。洗濯物がよく乾きそう
です";
            Magic.Speak(text);
        }
    }
}
```

日本語の部分を変えたら先ほどと同じように「開始」ボタンを押してください。入力した通りに2つの文章を話してくれます。

「キョウハイイテンキデス　センタクモノガヨクカワキソウデス」

　本当にどんな日本語でも話してくれるので試してください。これは私たちが普段使っているAIスピーカーの技術のもととなるものです。つまり、普段使っているようなアプリのもととなるコードを書くことができたわけです。ここから少しずつこのコードの内容を理解しながら、コードを書き加えることで、プログラミングへの理解を深めていきます。

本当に何でも、
言ってくれるね

パソコンが話し出す仕組みを知る

パソコンが話す内容で変数を知る

さて、少しずつプログラミングの仕組みを理解していきましょう。パソコンに話すように命令を出したのは次の2行です。

```
string text = "私はパソコンです";
Magic.Speak(text);
```

ここで「命令?」と疑問に思った方がいらっしゃるかもしれませんが、これこそがプログラミングの根本なのです。

つまり、

```
string text = "私はパソコンです";
Magic.Speak(text);
```

というコードでパソコンに対して「"私はパソコンです"と言ってね」という命令を出し、それに対してパソコンが自分の機能を使って、『ワタシハパソコンデス』と話すのがプログラミングなのです。

☞ プログラミングの基本的な考え方

```
string text = "私はパソコンです";
Magic.Speak(text);
```

私はパソコンです

1. コンピューターにわかる言葉で「私はパソコンですと言って」と命令している

2. コードによる命令を受けて、コンピューターにある音声合成機能を使って読み上げている

コードで出した命令にコンピューターが応えてくれるのが、プログラミングか

　この2行がどのようにコンピューターに指示しているかを理解することでプログラミングの仕組みが見えてきます。
　まず1行目

```
string text = " 私はパソコンです";
```

　でやっていることは、"私はパソコンです"というテキストをコンピューターに覚えてもらっているのです。
　プログラミングではコンピューターに様々な情報を保管してもらわないといけません。そのためにコンピューターは情報やデータを一時保管する"引き出し"をほぼ無数に持っています。
　ここでイメージしてもらいたいのは、たくさん引き出しがある下駄箱のようなものです。

☞ コンピューターは下駄箱のようなものに情報を保管している

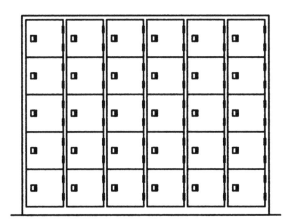

　コンピューターに話してもらいたいテキストは、まずこの引き出しの中の1つに入れておきます。コンピューターには膨大な数の引き出しがあるので、あらかじめどんなデータの種類かを指定してやります。それがstringです。そして他のものと区別するために型を指定した入れ物に名前をつけてあげます。それがtextです。

難しい……

　ちょっと難しくなってしまいましたね。噛み砕いて説明しましょう。データには色々なタイプのものがあります。たとえば、「1、2、3」といった数字、あるいは先ほど入力したように「私はパソコンです」といった文字。この他にも時間や場所など様々なものが存在します。このようにデータといっても一種類ではないので、あらかじめデータのタイプを決めた上で、名前をつけるわけです。今回の例ではデータの種類がstring、データを入れておく入れ物の名前がtextということです。

　ストリングというのはストリングチーズで想像できる通り、意味は「紐、糸」ですが、コーディングでは「文字列」を意味します。1つひとつの文字はcharacter（文字）、それがいくつもあるとstring（文字列）になるというわけです。つまり、string textというのは、「文字列であるtext」ということになります。データの型が肩書、データの名前は本人の名前というように覚えるとわかりやすいです。

　string　text　（文字列であるtext）
　課長　島耕作（課長である島耕作）

　課長という肩書は変わることがないですが、島耕作という名前は人によって変わってきますよね？

☞ 入れ物の1つにstringという型を指定し、textという名前をつける

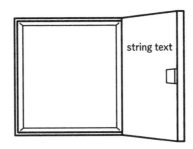

string text

さて、入れ物ができたら中身を入れてみます。中身は"私はパソコンです"という文字列のデータです。文字を表記するときコーディングでは二重引用符""を使います。二重引用符の中なら文字は日本語でも英語でも構いません。

ここで「おや？」と思うのが＝の記号です。

```
string text = "私はパソコンです";
```

これってイコールだから、「textと"私はパソコンです"が同じということなのでは？」と思う方がいらっしゃるかもしれません。

そりゃあ
そうでしょ

まあ入れ物にテキストデータが入っているならそうとも考えられるのですが、ここはこう理解してください。

```
string text <= "私はパソコンです";
```

コーディングで = 記号は「値をぶち込む」という代入の意味なので、どちらかというと矢印のほうがしっくりきます。今後はコードの中に = の記号を見たら頭の中で = を <= に変換するようにすると、読みやすくなります。まとめると、1行目のコードは次のようにコンピューターに指示を出しているのです。最後の;という記号は、日本語の文章の「。」のようなもので、行の最後につけるものだと考えてください。

```
string text = "私はパソコンです";
```
文字列である text　　　にぶち込んで　　　"私はパソコンです"という文字列を

さて、このコードでコンピューター内には文字列が入るtextという入れ物ができて、そこに実際のデータ、"私はパソコンです"という文字列が収納されました。

☞ **文字列の入れ物に"私はパソコンです"が入った**

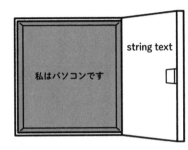

　コーディングではこの入れ物のことを変数といいます。入れ物を定義すれば中身はいくらでも変えられるからです。最初のコードを書いた後で"私はパソコンです"の部分をどんな日本語に変えても、パソコンはその通りに話してくれましたよね？

☞ 変数の概念

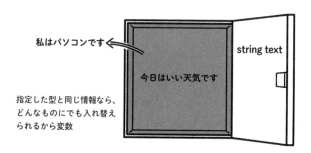

私はパソコンです ←

string text

今日はいい天気です

指定した型と同じ情報なら、どんなものにでも入れ替えられるから変数

　では、全く別の文章をもう一度しゃべってもらうコードを書いてみましょう。Speak1で書いたコードの後に次の2行を加えてみてください。

☞【サンプルコード：Speak1-4.txt】

```
using System;
using System.Collections.Generic;
using System.Linq;
using System.Text;
using System.Threading.Tasks;
using MagicWand;

namespace Speak1
{
    class Program
```

```
    {
        static void Main(string[] args)
        {
                string text = "私はパソコンです";
                Magic.Speak (text);

                text = "あなたはパソコンですか？";
                Magic.Speak(text)
        }
    }
}
```

　最初の2行の後、別の文字列、「あなたはパソコンですか？」とい
うものを同じ入れ物、textに入れていますが、ここでは型のstringが
入っていません。すでに入れ物が作られて、それを使いまわしている
ため、二度目以降は型を指定しなくてもよいのです。繰り返しになり
ますが変数の入れ物は一度作ると何度でも使いまわしが可能で、これ
が変数と呼ばれる理由なのです。

Magicはパソコンを話させる「関数」を持っている

さて、最も気になるコード、Magic.Speakについて触れていきます。

```
Magic.Speak(text);
```

今回Speak1というプロジェクトを作って、MagicWandWinの参照作業をしてもらいました。これで何が起きたかというと、作ったプロジェクトの中でMagicという「アイテム」を手に入れることができたのです。

このMagicは本書で取り組む様々な「機能」をすでに持っています。

○ 音声を出力する（音声合成）
○ 入力音声を理解する（音声認識）
○ 天気予報を教える
○ Wikipediaからクイズを作る
○ Wikipediaのトピックを選ぶ　etc.

Magicが提供するこうした機能はプログラミングで「関数」といいます。別に数字ではないので紛らわしい言葉なのですが、実は英語で考えるとわかりやすいのです。関数は英語でfunction（ファンクション）。「機能」という意味があります。ですので、まずは関数というのは機能のことだと理解してください。

ご存じの通りアプリには様々な機能が搭載されています。たとえば、

LINEではスタンプを送ったり、電話をしたり、ブロックしたりと様々な操作手順があります。プログラミングではそれらの1つひとつすべてを関数という形で書いているのです。

☞ 関数の役割

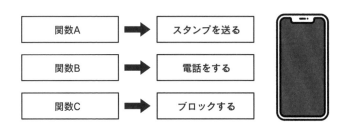

Magicはそういった関数をすでにいくつも用意してあり、あとは皆さんに使ってもらうだけの状態にしてあるわけです。本書で数行のコードで様々なことができるようになるのも、Magicに搭載されている便利な関数のおかげなのです。実際にこうした関数を最初から書くとなると複雑なコードを書かなくてはいけないのですが、今回はあらかじめ書かれた関数を呼び出すことで、そうした機能を得ているわけです。この関数は基本的にコンピューターの機能を使ったものに限られるので、たとえば、そのパソコンに顔認証などの機能がなければ、そうした関数は作れないということになります。

　ちなみにコード入力画面でMagicの後に点（ピリオド）を入れると一覧表が出てくるのに気がつきましたか？　これはインテリセンスといって、ここにMagicが持っている関数がすべて表示されています。

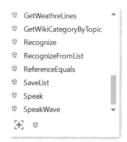

　Speakもその中の1つです。Magic.Speakというのは「Magicが持っているSpeakという関数」を意味します。そして、Speakという関数には、パソコンにしゃべってもらう文字列を渡さないといけません。それを関数の後の括弧に入れるわけです。つまり、下記で「括弧の中身をMagic.Speakという関数を使って話してね」と命令しているわけです。


```
Magic.Speak(text);
```

ここではしゃべってもらいたい内容としてtextの入れ物を指定しています。これでtextに入っている文字列が音声となって出てきます。ここに文字列を直接入れても構いません。

```
Magic.Speak("私はパソコンです");
```

関数というのは機能のことで、それを使うことで、最初からコードを書かなくても、色々な機能を呼び出せるんだね

入力したものをパソコンに話してもらおう

「こんなに簡単にパソコンがしゃべるのだったら……」と、皆さんは色々な日本語を入力して楽しんでいるのではないでしょうか。

たしかにプログラムの中にしゃべらせたい言葉を入力するのもよいのですが、もうちょっとパソコンと「やりとり」をしている感じになるともっと面白そうです。そこでテキストの入力の仕方を変えてみます。

まずは新しいプロジェクトを作ってみてください。「ファイル」メニューから「新規作成」→「プロジェクト」を選択してください。あとは最初でやった新規プロジェクト作成に従って「Speak2」という名前をつけてください。

新しいプロジェクトを作ったら必ずMagicWandWinのNuGet参照作業を忘れずに行ってください（p.41のMagicWandの参照作業をご覧ください）。さらにコードの冒頭に次の1行を加えることも忘れないでください。

```
using MagicWand;
```

さて、今回は次のようにコードを書いてみてください。

☞【サンプルコード：Speak2-1.txt】

```
using System;
using System.Collections.Generic;
using System.Linq;
using System.Text;
using System.Threading.Tasks;
using MagicWand;

namespace Speak2
{
    class Program
    {
        static void Main(string[] args)
        {
            string text = Console.ReadLine();
            Magic.Speak(text);
        }
    }
}
```

Speak1で書いていたtextの中身がありませんが大丈夫なのでしょうか？　「開始」ボタンを押して、実行してみてください。

　おや？　黒い画面が現れたままです。そこで、画面の中にテキスト
を入れてみます。ここでは「みなさん、こんにちは」とタイプしてみ
てください。

みなさん、こんにちは

　そしてEnterキーを押してください。

「ミナサン　コンニチハ」

おおっ！

　タイプした通りにパソコンがしゃべりましたよね？　つまりコード内にテキストを事前に入れるのではなく、アプリがスタートした後で自由にテキストを入力できるようになったのです。

　もっといっぱいテキストを入れるとどうなるでしょう。ニュースサイトから適当な天気予報のテキストをコピーし、黒い画面上にペーストしてみました。

> 大型の台風5号は黄海を北上しています。九州の全域や中国四国地方の一部が、風速15メートル以上の強風域に入っています。

　これも綺麗にしゃべってくれます。なんだか本格的な天気予報みたいに聞こえますよね。この他にもいろんなテキストを試してみてください。

　ところで、ここで英語を入れるとどうなるかわかりますか？　試しに I can't believe it!（信じられない！）というフレーズを入れてみました。

I can't believe it!

　なんと英語でもきちんとしゃべってくれますが、"アイ カント ビリーブ イット"のように「日本語アクセント」になっているのが面白いですね！

パソコンは
ネイティブじゃ
ないんだね

SECTION
07

どうしてタイプした言葉を話すようになったのか？

Speak1プロジェクトではコードの中に音声合成するテキストを直接入力しましたが、Speak2では黒い画面に入力したテキストを話してくれるようになりました。大きな違いはこの1行です。

```
[Speak1] string text = "私はパソコンです";
[Speak2] string text = Console.ReadLine();
```

プログラミングのコードは英語です。先ほどの関数（function）もそうでしたが、そのまま英語として読むと大体何をしているか想像がつきます。Console.ReadLineというのは、

Console（コンソール）画面でLine（行）をRead（読む）する

つまり、ここではあの黒い画面に皆さんがタイプ入力したものを読み取るという指示を出しているのです。ReadLineの後に中身のない括弧があるのはReadLineが何か動作をする"関数"（メソッドともいいます）であるためです。

Magic.Speakも同様に括弧がついていましたよね。関数の括弧は動作に必要なデータを入れるためにあります。Magic.Speakはパソコンに話をさせる文字列を入れ、Magic.Speak("**こんにちは**")のようにしました。当然ですがこの文字列を渡さないと何もしません。しかし、Console.ReadLineは読み込むテキストは画面でユーザーが入れるの

で、「読んでください」という動作を指示する段階では何も情報は必要ありません。そのため空っぽの括弧になったのです。まずここでは「関数には情報を渡すための括弧が必要だ」ということだけ覚えておいてください。

括弧は関数に
何か情報を渡す
印なんだね

さて、Speak1ではコードの中で文字列をコンピューターに覚えさせた（つまりtextという変数の箱に最初から入れておいた）のに対し、Speak2では黒い画面に直接ユーザーから入力してもらいました。

ところで、コンソール画面でテキストを入力するときに、Enterキーを押すまで画面が待ってくれました。その理由は、ReadLine（1行を読む）というメソッドの名前にあります。"1行"というのは改行するまで確定しません。つまり、ReadLineというのはユーザーが改行するまでずっと待っているのです。そして改行した段階で、それまで入力された（タイプでもコピペでも構いません）テキストを読み、それをMagic.Speakに渡すのです。

☞ string text = Console.ReadLine();の仕組み

```
string text = Console.ReadLine();
Magic.Speak(text);
```

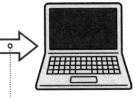

ワタシハ
パソコンデス

| 1. | コンピューターに黒い画面に
入力した1行を読み上げて、
と命令している |

| 2. | コードによる命令を受けて、
黒い画面を表示し、
ユーザーの入力を待つ |

| 3. | ユーザーが黒い画面に文章を
入力し、Enterを押す |

| 4. | ユーザーがEnterを押した段階で
1行が確定されたと判断し、
入力された1行を
Magic.Speakの関数を使って
読み上げる |

　これまでVisual Studioでコードを書いていて気づいたと思います
が、コードを書くたびに何かペロッと箱が出てきて、いろんな変数
やメソッドの名前を表示します。Console.ReadLineの場合、Console.
Read……と書いた段階で次のようなものが出てきます。

```
8      namespace Speak2
9      {
10         class Program
11         {
12             static void Main(string[] args)
13             {
14                 string text = Console.Read
15                 Magic.Speak(text);
16             }                            Read            int Console.Read()
17         }                           ★ ReadLine        標準入力ストリームから次の文字を読み取ります。
18     }                                 ReadKey
19                                       ReadLine
```

　つまり、Console.Read……に続くものは表示された3つがあるとい
うこと。Readは「次の1文字だけ読む」、ReadKeyは「ヒットしたキー
が何かを読む」、そしてReadLineは「入力された1行を読む」です。
Magicのところでも紹介しましたが、インテリセンスを使うとどんな
コードを書いたらよいか知るのに大いに役立ちます。本当に重宝する
機能ですので、インテリセンスの活用にぜひとも慣れてください。

コードを**解説つき**で
提案してくれるのは
助かるね

黒い画面に最初からテキストを表示させよう

　今のところSpeak2では最初に黒い画面が出てくるだけです。皆さんはコードを書いているので、まずはテキストをタイプするということは理解できます。しかし、仮にこうしたアプリを使う一般ユーザーの視点に立ったら、いきなり黒い画面が出てきても、何をどうすればよいのかさっぱりわかりません。

　そこで、最初に画面が出てくるときに「何かタイプしてEnterを押してください」という指示を出してみてはどうでしょう？　こうした文字が出てくれば、何をすればよいかわかりますよね？

　ではSpeak2に次のコードを加えてみてください。

☞【サンプルコード：Speak2-2.txt】

```
using System;
using System.Collections.Generic;
using System.Linq;
using System.Text;
using System.Threading.Tasks;
using MagicWand;

namespace speak2
{
    class Program
    {
        static void Main(string[] args)
        {
            Console.WriteLine("何かタイプしてEnterを押してください");
            string text = Console.ReadLine();
            Magic.Speak(text);
        }
    }
}
```

これを実行するとコンソール画面に次のテキストが現れます。

```
何かタイプしてEnterを押してください
_
```

そこで「こんにちは」とタイプしてEnterキーを押します。

何かタイプしてEnterを押してください
こんにちは

「コンニチハ」

これまで皆さんはこの黒い画面が何であるかあまり意識していなかったと思います。プログラミングツールの一部くらいにしか考えていなかったかもしれませんが、これも立派なアプリなのです。ソリューションエクスプローラーのSpeak2のところで右クリックして、出てくるメニューの中から「エクスプローラーでフォルダーを開く」を選んでみてください。

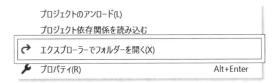

プロジェクトのアンロード(L)	
プロジェクト依存関係を読み込む	
⤷ エクスプローラーでフォルダーを開く(X)	
🔧 プロパティ(R)	Alt+Enter

すると現在のプロジェクトが保存されているフォルダが開かれます。そこにある「bin」フォルダを開き、さらに「Debug」フォルダを開いてみてください。そこにSpeak2.exe（拡張子を表示させていない場合はSpeak2という名前になります）というファイルがあるはずです。

Speak2.exe
Speak2.exe.config

　このファイルはSpeak2で作ったアプリの本体のようなものです。これをダブルクリックしてみてください。「開始」ボタンを押したときと同じことが起こります。

　つまり「開始」ボタンを押すことで、この裏にできたアプリ本体を起動させていたわけです。黒いコンソール画面はプログラマーが使うための開発ツールなどではなく立派なアプリです。ですから、これがユーザーと様々なやりとりをするインターフェースになります。まず最初に画面が表示されて、ユーザーがどのような操作を期待されているのかすぐにわかるようにしないといけないわけです。

　プログラミングでサービスやアプリを開発するときは、こうしてユーザーの視点を考えながら、「こうしたらもっとよくなるのでは?」と機能やデザインを強化していきます。ここからはそうしたユーザー視点を意識しながらコードを書き加えていくので、ちょっとした開発者気分を味わいながら読み進めてください。

できたものが、
ユーザーに
どう映るかも
大事なわけね

なぜ黒い画面に
テキストが表示されるようになったのか？

　ユーザーからテキスト入力してもらうReadLineを勉強しましたが、それを理解したらConsole.WriteLineも簡単にわかると思います。

Console（コンソール）画面にLine（行）をWrite（書き出す）する

　これで皆さんはユーザーとやりとりをする強力なツールを手に入れました。それは、入力と出力です。

入力 → ユーザーからデータをもらいたいとき：**Console.ReadLine()**
出力 → ユーザーにデータを見せたいとき：**Console.WriteLine()**

☞「入力」がReadLine、「出力」がWriteLine

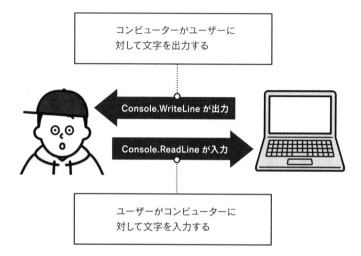

Speak2のコンソールアプリは音声が出ると画面が消えてしまいます。画面表示がどんなものだったか確認をしたいので、画面にそのままでストップしてほしいものです。そこで次のコードを加えてみてください。

☞【サンプルコード：Speak2-3.txt】

```
using System;
using System.Collections.Generic;
using System.Linq;
using System.Text;
using System.Threading.Tasks;
using MagicWand;

namespace Speak2
{
    class Program
    {
        static void Main(string[] args)
        {
            Console.WriteLine("何かタイプしてEnterを押してください
");
            string text = Console.ReadLine();
            Magic.Speak(text);

            Console.ReadLine();
        }
    }
}
```

　えっ?　どうしてReadLineなの?　と思った方。この1行を加える
とどうなるかわかりますか?　ReadLineはユーザーがEnterキーを押
すまでじっと待っていました。その特性を使うのです。つまり、この
「不要な」ReadLineをここに加えることで画面をストップさせること
ができます。

　論より証拠。実行して、「こんにちは」とタイプしてみてください。

```
何かタイプしてEnterを押してください
こんにちは

_
```

　今度は画面がそこでストップしてくれています。目標達成です。画
面を確認したらそのままEnterキーを押してみてください。予想通り
画面が消えました。Enterキーだけを押したということは空っぽのテ
キストを送ったというのと同じです。コンピューターはその何もな
い情報を受け取った後で次に進むようにプログラムされているので、
Enterが押されるまではコンソール画面を表示させているわけです。

　これからはコンソール画面を最後まで表示させておきたいので、こ
の最後のConsole.ReadLine()という行を常に入れるようにします。

> 一見不要に見え
> ても、ユーザー
> には必要な1行
> なんだね

SECTION
10

どうせなら指示も音声でやってみる

「タイプしてください」という指示を音声でやってみたらどうでしょう？ より"やりとり感"が増しますよね。まずはSpeak2で次の一行を加えてください。

☞【サンプルコード：Speak2-4.txt】

```
using System;
using System.Collections.Generic;
using System.Linq;
using System.Text;
using System.Threading.Tasks;
using MagicWand;

namespace Speak2
{
    class Program
    {
        static void Main(string[] args)
        {
            Magic.Speak("何かタイプしてEnterを押してください");
            Console.WriteLine("何かタイプしてEnterを押してください");

            string text = Console.ReadLine();
            Magic.Speak(text);

            Console.ReadLine();
        }
    }
}
```

タイプ入力の指示が音声でも出てきました。そして「こんにちは」とタイプすると今度はそれを音声でしゃべってくれます。

```
何かタイプしてEnterを押してください
こんにちは
_
```

なんか、
アプリっぽく
なってきたね

「出力」は目と耳に対して行われる

　コンピューターが人間に対して情報やデータを出力する場合、その対象は目と耳です。つまり、人間がコンピューターから情報やデータをもらう場合は「見る」か「聞く」という行為が主です。皆さんもスマホなどを使う場合、デバイスから情報をもらうのは「見る」（動画を見たり、写真を見たり）という行為がほとんどで、たまに音楽を聴くということもやるといった具合だと思います。やはり目と耳しか使っていません。ですので、プログラミングでコンソールアプリを作るときは、WriteLine（テキスト表示）とMagic.Speak（テキスト読み上げ）の2つさえできれば、出力に関しては万全なのです。これはアプリなどを作る上では常にキーとなる要素なので、しっかりと覚えておきましょう。

☞ 出力は2つ。目に伝えるWriteLine、耳に伝えるMagic.Speak

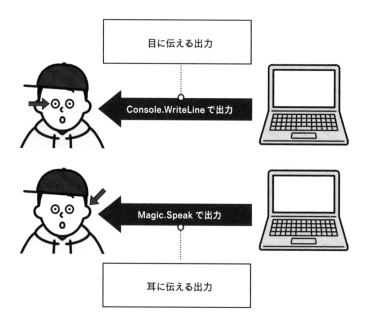

　これで出力の2大ツールは理解できましたが、入力のほうはどうなのでしょう？

パソコンに話しかけてテキスト入力

　目への出力はConsole.WriteLine、耳への出力はMagic.Speakでした。では入力の場合はどうでしょう。p.71で書いたReadLineはタイプ入力を通してコンピューターに情報を伝える方法でしたが、音声による入力、つまりコンピューターに話しかけることで同じことをやってみます。p.34と同じ手順で今回は新しいSpeak3というプロジェクトを作ってください。繰り返しになりますがp.41のMagicWandへの参照作業と、コードの冒頭にusing MagicWand;を入れることも忘れずに。そして次の3行を書いてみてください。

☞【サンプルコード：Speak3-1.txt】

```csharp
using System;
using System.Collections.Generic;
using System.Linq;
using System.Text;
using System.Threading.Tasks;
using MagicWand;

namespace Speak3
{
    class Program
    {
        static void Main(string[] args)
        {
            string text = Magic.Recognize();
            Console.WriteLine(text);

            Console.ReadLine();

        }
    }
}
```

コードが書けたら、何はともあれ実行してみてください。

```
_
```

画面上では何も起こりませんが、マイクに向かって「こんにちは」とはっきりした声で言ってみてください。

```
こんにちは
_
```

おおっ!
声が
聞こえてるの?

　自分が言った言葉が画面に表示されましたか?　画面にはテキストが表示されたものの、全く違うテキストが出てくる場合もあります。これは音声認識がうまくいっていないためです。音声認識については p.241のトラブルシューティングを参照してください。

ユーザーが何かしゃべるよう誘導する

さてSpeak3ですが、今のところコンソール画面が出てくるだけで、Speak2の最初のときと同様、ユーザーは何をするかさっぱりわかりません。そこでユーザーへの指示を入れるため、次のコードを加えてください。気がついたかもしれませんが、書き加える2行目の画面出力メソッド名はWriteだけです。WriteLineではありませんので注意してください。

☞【サンプルコード：Speak3-2.txt】

```
using System;
using System.Collections.Generic;
using System.Linq;
using System.Text;
using System.Threading.Tasks;
using MagicWand;

namespace Speak3
{
    class Program
    {
        static void Main(string[] args)
        {
            Console.WriteLine("何かしゃべってみてください");
            string text = Magic.Recognize();
            Console.Write("あなたが言ったことは:");
            Console.WriteLine(text);
```

```
            Console.ReadLine();
        }
    }
}
```

　これを実行して、「私は佐藤です」と名前を言うと次のようになります。

何かしゃべってみてください
あなたが言ったことは：私は佐藤です

本格的な
音声認識
みたい

　これで少なくとも、このアプリの使い方を知らないユーザーでも何をするかは理解できるようになりました。せっかくなので音声での指示も入れてみますか？　もうわかりますよね。次の1行を加えるだけです。

【サンプルコード：Speak3-3.txt】

```
using System;
using System.Collections.Generic;
using System.Linq;
using System.Text;
using System.Threading.Tasks;
using MagicWand;

namespace Speak3
{
    class Program
    {
        static void Main(string[] args)
        {
            Magic.Speak("何かしゃべってみてください");
            Console.WriteLine("何かしゃべってみてください");
            string text = Magic.Recognize();
            Console.Write("あなたが言ったことは :");
            Console.WriteLine(text);

            Console.ReadLine();
        }
    }
}
```

WriteLine と Write の違いは？

今回加えたコードの中で、WriteLineとWriteの2種類を使いました。
2行目もWriteLineを使うとどうなるか、実際にやってみましょう。同
じコードの次の箇所を変更してみてください。

```
static void Main(string[] args)
{
    Magic.Speak ("何かしゃべってみてください");
    Console.WriteLine("何かしゃべってみてください");
    sring text = Magic.Recognize();
    Console.WriteLine("あなたが言ったことは：");
    Console.WriteLine(text);

    Console.ReadLine();
}
```

何かしゃべってみてください
あなたが言ったことは：
私は佐藤です

WriteLineだと「あなたが言ったことは」の後に改行が入ってしま
います。ここでは「あなたが言ったことは：私は佐藤です」としたい
ので改行を入れずにそのままテキストを出力するWriteを使いました。
　同じようなことはユーザーから入力をするReadにも言えます。

- **ReadLine**：ユーザーが改行する（Enterキーを押す）までのテキストを読む
- **Read**：改行を待たずに、1文字入れたら即それを読む
- **ReadKey**：何かキーを押すと、文字ではなくキーの種類を読む

　1文字だけ読みたいというのは、たとえば「はい」か「いいえ」をユーザーに聞きたいときにYかNだけを入力させるというような場面です。ちなみにReadKeyは文字入力ではなく、たとえばゲームなどでどの矢印キーを押したか知りたいといった場面で活用します。こうしたコードの詳細については後ほど詳しく説明します。

キーの種類
読み込みは
ゲームでかなり
使えそう

コードにコメントを入れてみる

　今のところSpeak3は全部で6行のコードになっていますが、行数が増えるとどこで何をやっているかパッと見ただけではわからなくなることがあります。そこで、各行の説明を次のように入れてみます。日本語の説明の冒頭にあるのは半角のスラッシュです。説明に入れる日本語はサンプルと全く同じでなくても構いません。とりあえず各行の簡単な説明になっていれば十分です。

☞【サンプルコード：Speak3-4.txt】

```
static void Main(string[] args)
{
    // 音声でユーザー指示を聞かせる
    Magic.Speak("何かしゃべってみてください");
    // 画面にユーザー指示を表示
    Console.WriteLine("何かしゃべってみてください");
    // 日本語で音声認識し、結果を text に入れる
    string text = Magic.Recognize();
    // 認識されたテキストを画面に表示
    Console.Write("あなたが言ったことは：");
    Console.WriteLine(text);

    //ReadLine でコンソール画面をホールドする
    Console.ReadLine();
}
```

　このように入力していくとスラッシュ2つで始まる行は色が変わって表示されることに気がつきましたか（デフォルトでは緑色）？　スラッシュを取ると普通の色に戻りますが、すぐに赤い波下線が表示されてエラーとなります。コードの中に人間が読むメモを入れる場合は必ず行頭にスラッシュを2つ入れてください。

　すべて入力したらアプリを実行してみてください。結果は何も変わりません。説明を入れる前と同様、音声が出てきて、音声認識されたテキストが表示されます。

コメントのもう1つの役割

　さて、このようなコード内の説明をコメントといいます。コメントを入れてアプリを実行しても結果は全く変わりません。実は2つのスラッシュで始めるコメント文は、プログラムが完全に無視するのです。

　ではどうしてコメントを入れるのでしょうか？　このようにコードにコメントを入れると別の人がコードを見ても、それぞれのコードが何をやろうとしているのかすぐにわかります。実際の現場では何人ものエンジニアが共同でコードを書き、それをお互いがチェックするのが普通です。自分が書いたコードにどのような意図や狙いがあるのかコメントで示しておかないと、コードをチェックする人はすべて最初から理解していかないといけないので大変です。コメントは技術者同士のコミュニケーションのためにとても大切なものなのです。

　もう1つのコメントの役割は「コメントアウト」です。たとえば次のコードを見てください。2行目のコードの冒頭にダブルスラッシュが入っています。

```
Magic.Speak ("何かしゃべってみてください");
//Console.WriteLine("何かしゃべってみてください");
string text = Magic.Recognize();
Console.Write("あなたが言ったことは :");
Console.WriteLine(text);
```

　Visual Studioではすぐにわかりますが、スラッシュを入れたとたん色がコメント文の色に変わります。つまりコードが無視されるようになるのです。特定のコード行を無効にしたいとき、行を削除してしまうと、もう一度復活させたいときに面倒です。そこでコードを消す代わりにコメント機能を利用するわけです。冒頭にダブルスラッシュを入れるだけなのでとても簡単です。これから皆さんもたくさんのコードを書いていくにつれてコメント機能を頻繁に使うことになると思います。

　ちなみにコメント行を指定するのは、C#ではダブルスラッシュですが、プログラミング言語によって異なります。

他のプログラマーにとって見やすいかという視点も大事なんだ

何度も音声を入力してみる

Speak3では今のところ音声入力が1回だけしかできません。何度もやりたい場合はアプリを何回も実行しないといけません。これは面倒なので、アプリが立ち上がったら連続で音声認識できるようにします。

ここでは新しいプロジェクト、Speak4を作ってください。くどいようですが、新しいプロジェクトを作ったらp.41を参考にMagicWandの参照作業とコード冒頭にMagicWandの指定を入れることも忘れずに。では次のコードを書いてください。

【サンプルコード：Speak4-1.txt】

```
using System;
using System.Collections.Generic;
using System.Linq;
using System.Text;
using System.Threading.Tasks;
using MagicWand;

namespace Speak4
{
    class Program
    {
        static void Main(string[] args)
        {
            while(true)
            {
                Console.WriteLine("何かしゃべってください");
                string text = Magic.Recognize();
```

```
            Console.WriteLine(text);
        }

        Console.ReadLine();
    }
}
}
```

これを実行すると延々と音声入力を尋ねてきます。

```
何かしゃべってください
こんにちは
何かしゃべってください
私は佐藤です
何かしゃべってください
よろしくね
```

　色々な文章を試してみて、認識がうまくいく場合とそうでない場合をじっくり観察してみてください。アプリを終了させる場合は画面自体を閉じてください。

コードを繰り返すのがループ

　今回のポイントは「繰り返し」です。これまでのプログラムは上か
らザーッと実行するだけで最後は自動的に終わりました。今回のよう
に一部のコードを何度も繰り返してほしいときには「ループ」という
仕組みを使います。ループを行うためのコードにはいくつか種類があ
りますが、ここではwhile（ホワイル）を使います。

```
while(true)
{
    // 繰り返すコード
}
```

　whileというのは「〜している間」という意味です。では何をして
いる間なのでしょう。これは括弧の中身が「条件に当てはまる間は」
ということなのです。でもここではその括弧の中身がtrue（正しい）
となっています。ちょっとよくわかりませんよね。そこで通常while
はこんな感じで使うというのを見てください。

```
while(value > 3)
{
    // 繰り返すコード
}
```

　つまり、「valueという変数の値が3より大きい間は」ということになります。ループを繰り返しているうちにvalueが3以下になったらループが終了して、whileブロックの次の行のコードに移るのです。この括弧の条件がループ終了の条件なのです。この繰り返す部分のコードに引き算などを行うものを入れて、値が3以下になったらwhile部分のコードを終了させるといったように使うわけです。

　ところがwhile(true)とすると括弧の中は常にtrue（正しい）ということになるのです。つまり、ループは括弧の条件では絶対に終了しません。ですので、このアプリは延々と音声入力するよう促してきます。これにより、一度ではなく何度も音声入力が可能になるわけです。

その操作を何回も
行うときに使うのが
while() か

カレーライスゲームをやってみる

何度も音声入力を促してきますが、いつかはループを止めたいもの
です。そこでSpeak4ではちょっとしたゲームにしてみます。次の3行
を加えてください。

☞【サンプルコード：Speak4-2.txt】

```
using System;
using System.Collections.Generic;
using System.Linq;
using System.Text;
using System.Threading.Tasks;
using MagicWand;

namespace Speak4
{
    class Program
    {
        static void Main(string[] args)
        {
            while(true)
            {
                Console.WriteLine("何かしゃべってください");
                string text = Magic.Recognize();
                Console.WriteLine(text);

                if(text == "カレーライス")
                {
                    Console.WriteLine("認識できました！");
                    break;
```

```
            }
        }

        Console.ReadLine();
    }
  }
}
```

　アプリを開始したら「カレーライス」と言ってみてください。もしきちんと認識されたらアプリは終了しますが、そうでないと音声入力を要求し続けます。

```
何かしゃべってください
狙い
何かしゃべってください
海外
何かしゃべってください
海外
何かしゃべってください
カレーライス
認識できました！
```

　4回目でようやく正解となりました。「カレーライス」が認識されたら「認識できました！」というメッセージを表示し、アプリは止まります。なんだかちょっとだけゲーム感が出てきました。ただ、ループがどうして止まるか理解できましたか？

if っていうのが、
関係あるのかな？

条件文の使い方

　コードを見て想像がつくと思いますが、今回やったのは、連続して音声認識を続けて、もしユーザーがしゃべったことが「カレーライス」だったらループを止めるということです。この「もし〜だったら」というのが条件文です。ではコードにコメントを入れますので、それをご覧ください。

```
// ループをずっと続ける
while(true)
{
    // ユーザー指示を表示
    Console.WriteLine("何かしゃべってください");
```

```
    //Magic で音声認識したテキストを text に入れる
    string text = Magic.Recognize();
    // 認識したテキストを画面表示
    Console.WriteLine(text);
    //もし text が "カレーライス" と一致したら
    if(text == "カレーライス")
    {
        // 正解のメッセージを表示する
        Console.WriteLine("認識できました！");
        // ループから抜け出す
        break;
    }
}
```

条件文はwhileと似ています。whileは「括弧の条件が正しい間はブロック内を繰り返す」ということでしたが、ifの場合は「括弧の条件が合えばブロック内を実行する」ということです。

```
if( 条件 )
{
    // ブロック内のコードを実行する
}
```

今回の条件は、

```
text == "カレーライス"
```

　p.58で = について説明したのを覚えていますか？　プログラミングでは=はイコールではなく「値を代入する」ということでした。イコールを意味する場合はイコールを2つ重ねた==を使うのです。コードの条件文では、音声認識された文字列が入っているtextの中身が"カレーライス"と同じであるかどうかを見ているのです。==は完全に同じでないといけません。ですので、音声認識したテキストが完全一致していないと、このループは止まりません。

　さて、ループを止めるコードはこんな簡単なものです。

```
break;
```

　break（ブレイク）は"ブレーキ"のことで、文字通りループがストップして次に進みます。

　そして、textに"カレーライス"が入っていないとこのif文のブロックは実行されないためbreakもされず、そのまま次のループが続くということになります。

SECTION

17

しゃべる言葉をあらかじめ決めよう

カレーライスゲームでわかったのは、ユーザーが自由に話した内容を認識するのは簡単ではないことです。ではあらかじめどんな言葉を話すのか決めておくと認識率は上がるのでしょうか。たとえば、「次に進みますか？」という質問に対してユーザーが答えるのは「はい」か「いいえ」です。そのような状況であれば、どちらを言ったかを理解するのはずっと簡単な気がしませんか？　それを確かめるために次のコードを試してみましょう。今回はSpeak5という新しいプロジェクトを作ってください。もう参照作業のことは言いませんが、お忘れなく！

☞【サンプルコード：Speak5-1.txt】

```csharp
using System;
using System.Collections.Generic;
using System.Linq;
using System.Text;
using System.Threading.Tasks;
using MagicWand;

namespace Speak5
{
    class Program
    {
        static void Main(string[] args)
        {
            while(true)
            {
                string[] list = new string[] {"豚のショウガ焼き",
"豚の照り焼き"};

                Console.WriteLine("何かしゃべってください");
                string text = Magic.RecognizeFromList(list);
                Console.WriteLine(text);
            }
        }
    }
}
```

コンソールアプリが開いたら、とりあえず"豚のショウガ焼き"か"豚の照り焼き"のいずれかを言ってみてください。はっきりとしゃべるとほぼ間違いなく言った通りのものが表示されるはずです。ある程度あいまいにしゃべったりしても高い確率で認識されます。ただ、あまりにあいまいさがあると認識そのものをしないこともあるので、テキストが表示されない場合はもう一度言ってみてください。

ラクに認識できた！

いくつもの項目をまとめるのがリスト

　今回はしゃべる内容をいくつか決めておいて、その中から認識する方法をとりました。ここで重要なコーディングを1つ理解しておきましょう。まず「豚のショウガ焼き」という文字列を入れる変数、textを作る場合、これまで次のようにコードを書きました。

```
string text = "豚のショウガ焼き";
```

　これはもう理解できますよね。ところが今回は「豚のショウガ焼き」に加えて「豚の照り焼き」を入れないといけません。ただ、次のようなコードではエラーになってしまいます。

```
string text = "豚のショウガ焼き", "豚の照り焼き";
```

　stringという文字列の入れ物は、文字列を1つしか入れることができないのです。そこで、2つ以上の文字列が入る入れ物は次のように定義します。

```
string[] list = new string[] {"豚のショウガ焼き", "豚の照り焼き"};
```

　ポイントは次の通りです。

◦ 複数の文字列の入れ物がstring[ ]

stringの後にあるカギ括弧の[ ]がポイントです。これをarray（アレイ ＝ 配列）といいます。「配列」は中にいくつも入れ物がある大きな入れ物だと考えてください。そこで入れ物の名前をtextではなくlistに変えて、文字列の配列としての肩書にしました。

```
string[ ] list = "豚のショウガ焼き", "豚の照り焼き";
```

それでもまだエラーとなります。配列に値を入れる入れ方に特別なルールがあるためです。

◦ 配列の中身を波括弧で指定する

```
string[ ] list = new string[ ] {"豚のショウガ焼き", "豚の照り焼き"};
```

文字列だけだと二重引用符で直接入れることができましたが、配列の場合はまずnew string[ ]という新しい配列を作り、その中身を {}（波括弧）で指定するのです。

☞ 配列の入れ物だといくつも入れられる

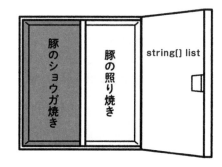

たとえば、「はい」と「いいえ」であれば、

```
string[] answers = new string[] {"はい", "いいえ"};
```

となります。中身はいくつあっても構いません。

```
string[] meals = new string[] {"朝食", "昼食", "夕食" , "夜食"};
```

　リストの名前は中身に応じて適したものを使うとわかりやすいです。
「はい」と「いいえ」ならanswers（回答）、朝食や昼食ならmeals（食
事）のように変数名を中身に合わせて指定すると、後で使う際にすぐ
に何が入っているかわかります。

リストから音声認識する Magic のメソッド

今回はもう1つ新しいコードがありました。それがMagic.Recognize FromListです。

```
string text = Magic.RecognizeFromList(list);
```

これも文字通りで想像がつくと思いますが、リストの中からテキストを認識するMagicの関数で、あらかじめ項目を決めた文字列の配列を渡します。

○ Magic.Recognize() は、しゃべったことをそのまま認識する（ディクテーションといいます）
○ Magic.RecognizeFromList()は、文字列配列の中のテキストだけを対象にして認識する

いずれも認識されたテキストが返ってきます。

このMagic.RecognizeFromList(list);によって、「豚のショウガ焼き」「豚の照り焼き」のいずれかの言葉しか音声認識されなくなるので、誤った認識をされなくなるというわけです。

さて、ここまでで音声合成や音声認識を通して、プログラミングの基本を学んできましたが、次のCHAPTERからはより「やりとり」感のあるものを作ってみましょう。皆さんもおそらくSiriなどで一度は使ったことがある、あのサービスです。

2

1分間でパソコンに
天気予報をしてもらう

「明日の○○の天気は?」とパソコンに尋ねる

CHAPTER 1で音声機能を使ってパソコンとやりとりができるようになったので、さらに馴染みのある次のようなやりとりができるようプログラミングしてみましょう。

パソコン:「いつ、どこの天気を知りたいですか?」
あなた:　「仙台市の今日の天気を教えてください」
パソコン:「仙台の今日の天気をお知らせします。22日は曇り……」

やったね。
これ

そうです。あの天気予報を音声で聞くアプリです。パソコンに話しかけたり、しゃべってもらったりするのはわかりますが、一体どうやって天気予報を聞き出すのでしょうか。ここでは新たなプロジェクトを作ってAPI 1という名前をつけてください。もちろんMagicWandの参照作業も行います。今回は3ステップに分けてちょっとずつコードを増やしています。

ステップ1：パソコンの質問からスタート

まずは次の4行から始めてください。

☞【サンプルコード：API1-1.txt】

```
using System;
using System.Collections.Generic;
using System.Linq;
using System.Text;
using System.Threading.Tasks;
using MagicWand;

namespace API1
{
    class Program
    {
        static void Main(string[] args)
        {
            // ステップ1：パソコンの質問からスタート※
            string instruction = "いつ、どこの天気を知りたいですか？";
            Console.WriteLine(instruction);
            Magic.Speak(instruction);
            Console.ReadLine();
        }
    }
}
```

※コメントは各自で適当に入れていただいて構いません。

　1行目でパソコンが話す言葉（instruction＝指示という変数に入れます）を決め、それをConsoleに表示すると同時に、Magic.Speakでしゃべらせています。これを実行すると画面に指示が出ると同時に音声でそれを読み上げます。

いつ、どこの天気を知りたいですか？

　うまく音声が出ましたか？　できたらアプリを終了させて次のステップに進んでください。

ステップ2：ユーザーが音声で場所と日にちを言う

　次にユーザーから音声入力を受け取るために次の2行を加えます。

☞【サンプルコード：API1-2.txt】

```
using System;
using System.Collections.Generic;
using System.Linq;
using System.Text;
using System.Threading.Tasks;
using MagicWand;

namespace API1
{
    class Program
    {
        static void Main(string[] args)
        {
```

```
        // ステップ 1：パソコンの質問からスタート
        string instruction = "いつ、どこの天気を知りたいですか？";
        Console.WriteLine(instruction);
        Magic.Speak(instruction);
        // ステップ 2：ユーザーが音声で場所と日にちを言う
        Console.Beep();
        string voiceinput = Magic.Recognize();

        Console.ReadLine();
      }
    }
}
```

　これを実行すると、音声と文字で指示文が出た後に「ピッ」と音が鳴ります。これはユーザーに対して「さあしゃべってください」という合図になります。それと同時にMagic.Recognizeメソッドが実行されますので、コンピューターがユーザーからの音声入力を待つ状態になります。ユーザーが何か言って認識文が出てくると、それはvoiceinputという変数に入ります。この段階では画面では何も起きません。とりあえずアプリを終了させて次のステップに進んでください。

ステップ3：ユーザーが言った都市名と日にちを確認する

　ここからが重要なところです。ユーザーが言ったことをパソコンが確認するようにします。たとえば、「札幌の明日の天気を教えてください」と言ったとしたら、パソコンは「明日の札幌の天気をお知らせします」と反復して、認識した内容をきちんとユーザーに伝えること

が必要です。このためにも、ユーザーには必ず都市名と日にち（"今日"か"明日"のいずれか）を言ってもらわないといけません。たとえば、「明日の長野市の天気を教えて」「名古屋市の今日の天気は？」のように、尋ね方は多少違っていても構いません。

　この機能を実現するために、次の4行を加えてください。

☞【サンプルコード：API1-3.txt】

```
using System;
using System.Collections.Generic;
using System.Linq;
using System.Text;
using System.Threading.Tasks;
using MagicWand;

namespace API1
{
    class Program
    {
        static void Main(string[] args)
        {
            //ステップ1：パソコンの質問からスタート
            string instruction = "いつ、どこの天気を知りたいですか？";
            Console.WriteLine(instruction);
            Magic.Speak(instruction);
            //ステップ2：ユーザーが音声で場所と日にちを言う
            Console.Beep();
            string voiceinput = Magic.Recognize();
            //ステップ3：ユーザーが言った都市名と日にちを確認する
            string[] cityday = Magic.ExtractCityAndDay
(voiceinput);
```

```
        string kakunin = cityday[1] + "の" + cityday[0] +
"の天気をお知らせします";
        Console.WriteLine(kakunin);
        Magic.Speak(kakunin);

        Console.ReadLine();
      }
    }
}
```

　入力が終わったら再びアプリを実行してください。これまで通り場所と日にちを尋ねてきますので、パソコンのマイクに向かってはっきりとどこの天気を知りたいか言ってください。どこの天気でも構わないのですが、まずは次のように名古屋の天気を聞いてみてください。

「名古屋の明日の天気を教えてください」

　すべてがうまくいけばパソコンは「明日の名古屋の天気をお知らせします」としゃべってくれるはずです。もし認識がうまくいかなかったら「のの天気をお知らせします」とわけのわからない返答になります。まずはきちんと「明日の名古屋の天気をお知らせします」と返ってくるかどうか確認してください。「明日の名古屋」がうまくいったら皆さんがお住まいの都市でもやってみてください。

どんどん
AIっぽい
やりとりに
なっていく

うまくいったときの仕組みを理解しよう

今取り組んでいるアプリの目的は、ユーザーが知りたい場所（都市名）と日時（今日か明日）の天気予報を伝えることです。ユーザーから指示してもらいたいのは、先の例では「名古屋」と「明日」です。これをタイプ入力してもらったり、ドロップダウンリストから選択してもらうことができればアプリは間違いなく実行できます。しかし、今回のアプリでは、ユーザーが音声でそれを伝えるというデザインにしています。ここが難しいところです。当たり前ですが、口で天気予報の質問をする場合は何通りも言い方があるわけです。

「名古屋の明日の天気を教えて」
「明日の名古屋の天気」
「そうだな～。名古屋の明日の天気を教えて」

ユーザーが何を尋ねるかわからない場面では、ユーザーが言った文章から意図（天気を知りたい）、対象物（名古屋や明日など）を解釈する言語理解の技術が必要ですが、ここではパソコンがユーザーに「いつ、どこの天気を知りたいですか？」と質問をしているので、ユーザーが言う文章には必ず「場所」と「いつ」が入っているはずです。しかも場所は「日本の都市名」、時間は「今日もしくは明日」です。つまり、文章からその2つを抽出できればうまくいくはずです。

こうやってロジカルに考えながらプログラミングしていくんだね

このためにMagicが用意したメソッドがExtractCityAndDayです。

```
string[] cityday = Magic.ExtractCityAndDay(voiceinput);
```

このメソッド中にはあらかじめ都市リスト（札幌や長野、名古屋など）が用意されており、ユーザーがしゃべった文章（voiceinput）中にマッチする部分があるかどうか調べます。さらに「明日」か「今日」という言葉も探します。両方見つかればそれをcitydayという文字列の配列に入れます。配列は複数の入れ物になっているので、最初のcityday[0]に都市名、次のcityday[1]に「今日か明日」を入れます。

string[] cityday =

cityday[0]	都市名（例：“名古屋”）
cityday[1]	日にち（例：“今日”か“明日”）

p.113の文字列配列ではRecognizeFromListというリストの中で認識するテキストを指定するメソッドを使っていました。この際に認識対象となるテキストを入れたのが文字列配列でした。citydayも文字列の配列です。そしてこの配列には2つしか値が入っていません。最初の入れ物には都市名、2つ目の入れ物には日にちと決まっています。複数の入れ物で構成される配列は、入れ物の番号が1ではなく0から始まっていることに留意してください。

☞ 天気予報プログラミングの配列イメージ

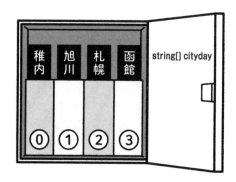

　さて、うまく都市名と日にちが抽出できればcitydayという文字列配列には「名古屋」と「明日」という2つの言葉が入っているはずです。これをもとに「明日の名古屋の天気をお知らせします」という文章を作成します。

```
string kakunin = cityday[1] + " の " + cityday[0] + " の天気をお
知らせします ");
```

　このコードは文字列の足し算を行いながら文章を作っています。次のリストに示した4つのテキストを足し合わせています。

コード	どのようなデータか	例
cityday[1]	"今日"か"明日"かの文字列	「明日」
"の"	固定の文字列	「の」
cityday[0]	都市名の文字列	「名古屋」
"の天気をお知らせします"	固定の文字列	「の天気をお知らせします」

　このような感じで完成文として「明日」「の」「名古屋」「の天気をお知らせします」という確認文ができあがります。そして確認文を画面に表示すると同時に音声でユーザーに聞かせます。

音声認識をした文章と固定の文章をつなぎ合わせてたんだ

　ちなみにここでやろうとしているパソコンとユーザーのやりとりは、Siriなどで天気を尋ねるときと全く同じです。Siriに「明日の名古屋の天気は？」と聞けば、Siriは「明日の名古屋市の天気です」と言って予報を教えてくれます。音声でユーザーとやりとりをする際には、まずは音声認識が実行され、ユーザーが言ったことをテキストに変換。

そこから質問の意図や内容を言語処理で抽出するという仕組みなのです。音声認識がうまくいかなければSiriも全くおかしな反応をするというのは皆さんも経験があると思います。

うまくいかないときはどうする?

さて、ここまではユーザーの音声入力がうまくいったときの話です。最大の問題は音声認識がうまくいかなかったときにどうするかです。音声入力された文字から都市名と日にちが取得できない場合、ExtractCityAndDayは空の文字列配列を返します。たとえば、認識された文章が「明日の名古屋の天気は?」ではなく「足の箱やの天気は?」になってしまったとしましょう。

```
string[] cityday =
    Magic.ExtractCityAndDay("足の箱やの天気は?");
```

string[] cityday =

cityday[0]	""
cityday[1]	""

都市リストにある都市名も、"今日、明日"という言葉も見つからないので、citydayの入れ物は両方とも空っぽです(二重引用符だけで示してあります)。つまり、データの中身は次のようになります。

コード	データ	実際のデータ
cityday[1]	"今日"か"明日"かの文字列	""（空っぽ）
"の"	固定の文字列	「の」
cityday[0]	都市名の文字列	""（空っぽ）
"の天気をお知らせします"	固定の文字列	「の天気をお知らせします」

　うまくいかないときにコンピューターが「のの天気をお知らせします」とだけしゃべって終わったのはこれが原因だったのです。理由はわかったとしても、このままでは"壊れている感"が否めません。この「うまくいかないとき」にはどう対処したらよいのでしょうか。

　そこでAPI 1 のコードに次のif文を加えてみてください。波括弧も忘れずに入れてください。

【サンプルコード：API1-4.txt】

```
using System;
using System.Collections.Generic;
using System.Linq;
using System.Text;
using System.Threading.Tasks;
using MagicWand;

namespace API1
{
    class Program
    {
```

```
static void Main(string[] args)
{
    //ステップ1：パソコンの質問からスタート
    string instruction = "いつ、どこの天気を知りたいですか?";
    Console.WriteLine(instruction);
    Magic.Speak(instruction);
    //ステップ2：ユーザーが音声で場所と日にちを言う
    Console.Beep();
    string voiceinput = Magic.Recognize();
    //ステップ3：ユーザーが言った都市名と日にちを確認する
    string[] cityday =
    Magic.ExtractCityAndDay(voiceinput);

    // もし認識がうまくいかなかったら
    if(cityday[0] == "") // ここは半角二重引用符が2つです
    {
        Console.WriteLine("あなたの質問は「"+ voiceinput +
"」でした");
        Magic.Speak("よくわかりませんでした。都市の名前と、今
日か明日かの指定をマイクに向かってはっきりと話してください");
    }
    else
    {
        // 取得した場所と日にちで確認文を作成。表示と音声で知ら
せる
        string kakunin = cityday[1] + "の" + cityday[0]
+ "の天気をお知らせします";

        Console.WriteLine(kakunin);
        Magic.Speak(kakunin);
    }

    Console.ReadLine();
```

```
        }
      }
    }
```

このif文は次のような仕組みになっています。

```
if(cityday[0] == "")
```

　認識がうまくいったらcitydayの最初の入れ物、cityday[0]には都市名が入っているはずです。ところが認識がうまくいかなかったら都市名の入れ物は空っぽの文字列になってしまいます。このコードの二重引用符を重ねた""というのは空っぽの文字列を意味します。つまり、このif文は「もし認識に失敗して配列が空だったら」という条件になります。

　そこで、もし都市名と日にちが取得できなかったら次のコードが実行されます。

```
Console.WriteLine("あなたの質問は「" + voiceinput + "」でした");
Magic.Speak("よくわかりませんでした。都市の名前と、今日か明日かの指定
をマイクに向かってはっきりと話してください");
```

　最初はConsole.WriteLineでテキストを画面表示します。ここでは音声認識された文章、voiceinputをユーザーに見せています。これでユーザーは自分の音声がどう認識されたかわかります。都市名や日に

ちがうまく認識されていないことがわかれば、もう一度トライすることになります。目で問題を理解すると同時に、音声で対処法を読み上げています。これによって「マイクに向かってはっきりと話してください」という注意点を確認させることができるので、はっきりとしゃべらなかったことで認識ミスが起きた場合は、これで修正ができます。

　さて、ここのif文ブロックは認識が失敗した場合の対処ですが、うまくいったらどうなるか。それがelse（その他）のブロックのコードにあります。

```
else
    {
        // 取得した場所と日にちで確認文を作成。表示と音声で知らせる。
        string kakunin = cityday[1] + "の" + cityday[0] + "の天気
をお知らせします";

        Console.WriteLine(kakunin);
        Magic.Speak(kakunin);
    }
```

　ここには元のコードが入っています。if文の条件が満たされない（つまり都市名と日にちが抽出できた）場合は、このelseのところにコードの実行が移ります。

色々なパターンに
対応できるように
プログラミングし
ていくんだね

```
if( 条件 )
{
   ……条件が満たされたらここのコードを実行する
}
else
{
   ……それ以外はここのコードを実行する
}
```

　それではアプリを実行して、何か天気と関係ないことを言ってみてください。今度は認識がおかしかったことと、もう一度トライするように促す音声が出てきます。

いつ、どこの天気を知りたいですか？
あなたの質問は「XXXXX」でした

　もちろん都市名と日にちがしっかりと認識されれば以前と同様に確認文が出てきます。

これならユーザーに
間違いがあることが
しっかりと伝わるね

完全な天気予報アプリの完成

　ユーザーが天気予報を知りたい都市名と日にちがわかれば、あとは予報そのものをどこかから持ってこないといけません。ここではlivedoorの天気予報APIを利用して天気予報文を作成します。予報そのものはhttp://weather.livedoor.comで見るものと全く同じですので、そちらも参照してください。

　それでは次の3行を加えてください。

☞【サンプルコード：API1-5.txt】

```
using System;
using System.Collections.Generic;
using System.Linq;
using System.Text;
using System.Threading.Tasks;
using MagicWand;

namespace API1
{
    class Program
    {
        static void Main(string[] args)
        {
            //ステップ1：パソコンの質問からスタート
            string instruction = "いつ、どこの天気を知りたいですか？";
            Console.WriteLine(instruction);
            Magic.Speak(instruction);
            //ステップ2：ユーザーが音声で場所と日にちを言う
```

```
Console.Beep();
string voiceinput = Magic.Recognize();
//ステップ3：ユーザーが言った都市名と日にちを確認する
string[] cityday =
Magic.ExtractCityAndDay(voiceinput);

// もし認識がうまくいかなかったら
if(cityday[0] == "") // ここは半角二重引用符が2つです
{
    Console.WriteLine("あなたの質問は「"+ voiceinput +
"」でした");
     Magic.Speak("よくわかりませんでした。都市の名前と、今
日か明日かの指定をマイクに向かってはっきりと話してください");
}
else
{
    // 取得した場所と日にちで確認文を作成。表示と音声で知らせる
     string kakunin = cityday[1] + "の" + cityday[0]
+ "の天気をお知らせします";

    Console.WriteLine(kakunin);
    Magic.Speak(kakunin);

    // ユーザーの音声入力をもとに天気予報を表示
    string weatherLine =
    Magic.GetWeatherLineByCity(cityday[0],
cityday[1]);

    Console.WriteLine(weatherLine);
    Magic.Speak(weatherLine);
}

Console.ReadLine();
```

```
          }
        }
      }
```

実行するとこうなります。前回と同様、「明日の名古屋の天気は？」と言ってみてください。

いつ、どこの天気を知りたいですか？
……［あなたの音声入力］……
明日の名古屋の天気をお知らせします。
明日の東海地方は、台風の北上に伴い、暖かく湿った空気が流れ込むため、雨や曇りとなり、雷を伴って非常に激しく降る所がある見込みです。

普通のアプリと
変わらないレベルに
なってきたな

天気予報 API を使って予報文を取得

このアプリの最大のキモである天気予報の取得はMagicの GetWeatherLineByCity（天気予報文を都市名によって取得する）という メソッドで行っています。つまり、関数です。

```
string weatherLine =
    Magic.GetWeatherLineByCity(cityday[0], cityday[1]);
```

これはlivedoorの天気予報APIを利用して、特定の都市の天気予報 文を取り出すものです。

livedoorの天気予報サイトはhttp://weather.livedoor.comのアドレス から全国の天気予報を見ることができます。

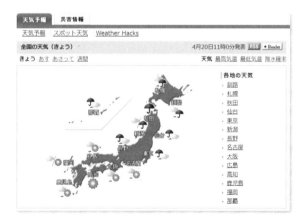

　さらに特定の都市の天気予報を見るために次のアドレスを入力して
みてください。

 http://weather.livedoor.com/area/forecast/016010

　ブラウザに次のようなページが表示されます。

| 天気予報 | 災害情報 | | | | |

天気予報　スポット天気　Weather Hacks

トップ > 北海道地方 > 道央 札幌(石狩地方)

道央 札幌(石狩地方)の天気　　　　　　　　　　4月20日11時0分発表 RSS ＋Reader

札幌(石狩地方) 岩見沢(空知地方) 倶知安(後志地方)

今日の天気 - 4月20日(月)

曇のち雨 最高気温11℃ 最低気温---	時間帯(時)	0-6	6-12	12-18	18-24
	降水確率	---	---	80%	80%
	風	南東の風 やや強く			
	波	1.5メートル			

明日の天気 - 4月21日(火)

曇時々雨 最高気温14℃ 最低気温7℃	時間帯(時)	0-6	6-12	12-18	18-24
	降水確率	60%	20%	20%	20%
	風	南の風 後 やや強く 海上 では 南の風 強く			
	波	1.5メートル 後 4メートル			

　見ての通り札幌の天気予報です。weather.livedoor.comのサイトで
提供されている情報で、URL最後の016010というのが札幌を示す
コードです。ちなみに、東京は130010なのでそちらも試してみてく
ださい。

　これらはすべてブラウザで天気予報を見るための仕組みですが、こ
れをプログラミングから利用できるようにする仕組みがApplication
Programming Interface（API:アプリケーション プログラミング イン
ターフェース）と呼ばれるものです。

　MagicのGetWeatherLineByCityというメソッドは、このAPIという仕組みを利用して天気予報情報を取得しています。このメソッドに渡す値は2つ。最初は「都市名」、2つ目が「日にち（"今日"か"明日"）」です。今回のコードではcitydayという文字列配列を利用しましたが、次のように直接文字列を渡してもきちんと動きます。

```
string weatherLine = Magic.GetWeatherLineByCity("札幌","明日");
```

　このlivedoorのAPIは細かい天気予報の情報を取得することができ、Magicのメソッドはそこから今日または明日の天気の情報を短い文章で取り出して返す仕組みになっています。

　こうして音声認識を使った天気予報アプリが完成しました。コードの種類ももちろんですが、こうしたプログラムを書くときにどのように考えながら、プログラミングをしていくかもよくわかったのではないでしょうか？

　本格的にプログラミングをするときに学ぶべきことはもっと多くありますが、このCHAPTER 1、2でコーディングの基本や思考法は押さえることができたと思います。この部分は本当に大切な基礎になりますので、繰り返し読みながら、何度もコードを書いていくことで、内容がしっかりと身につくようにしてください。

繰り返しが
大事なんだね

1分間でアプリを作る

超ひまつぶしになる

正解は何番ですか？

min.

1分間で Wikipedia からクイズを自動生成する

　本章ではこれまで理解したプログラミングの基礎を使って、クイズを自動生成するアプリを作ってみます。クイズのベースとなるのはWikipediaです。膨大なWikipediaのコンテンツを利用して、あなたが最も得意とするトピックについてクイズを出します。

Wikiでクイズ!?
オモシロイのかな？

　まずはQuiz1というプロジェクトを作ります。ここでもMagicWandの参照作業を忘れずに行ってください。プロジェクトの準備ができたら次の5行のコードを加えてください。今回はちょっとボリュームがありますので注意して入力してください。これを実行するとp.142のようなテキストがズラーッと表示されます。ざっと眺めてすぐにわかると思いますが、これは「Official髭男dism」に関するクイズです。Qの行は質問（Question）で、それぞれ空欄があります。そしてAがその答え（Answer）となっています。

☞【サンプルコード：Quiz1-1.txt】

```csharp
using System;
using System.Collections.Generic;
using System.Linq;
using System.Text;
using System.Threading.Tasks;
using MagicWand;

namespace Quiz1
{
    class Program
    {
        static void Main(string[] args)
        {
            var quiz = Magic.GetQuizFromWiki("Official髭男dism");

            foreach(var qa in quiz)
            {
                Console.WriteLine("Q: " + qa.Key);
                Console.WriteLine("A: " + qa.Value);
            }

            Console.ReadLine();
        }
    }
}
```

　Wikipediaの内容変更に合わせて、クイズの内容が本書に掲載され
ているものと違うことがありますが、質問と正解が表示されていれば
問題ありません。以降も同様のことが起こりますが、アプリが機能し
ていれば問題ないので、安心してください。

> Q: Official髭男dism（オフィシャルヒゲダンディズム）は
> 日本の【＿＿＿＿】バンドである
> A: ピアノ・ロック
> Q: 所属芸能事務所|事務所は【＿＿＿＿】
> A: ラストラム・ミュージックエンタテインメント
> Q: 2015年4月22日に1stミニアルバム『【＿＿＿＿】』を
> リリースし、インディーズデビュー
> A: ラブとピースは君の中
> Q: 2018年4月11日に1stシングル「ノーダウト」を
> リリースし、【＿＿＿＿】からメジャーデビュー
> A: ポニーキャニオン

へー、いい感じの
クイズになっている

　もちろん「Official髭男dism」以外にも使えます。まず Wikipediaで自分
の好きなトピックを探してください。Wikipediaはhttps://wikipedia.
orgへ行って、「日本語」を選ぶと日本語のWikipediaページに進めま
す。トピックは記事のタイトルにあるものを正確に入力してください。

コピペするのが安全でしょう。

　もし適当なトピックが思いつかなければ、Wikipediaのページ左側にあるメニューの中から「おまかせ表示」というリンクをクリックしてみてください。ランダムに記事をピックアップしてくれます。

　「おまかせ表示」をしたらたまたま「きゃりーぱみゅぱみゅ」が出てきたので、そのトピックを入れてアプリを実行しました。

```
var quiz = Magic.GetQuizFromWiki("きゃりーぱみゅぱみゅ");
```

```
Q: '''きゃりーぱみゅぱみゅ'''は、日本の女性歌手、【_____】
A: ファッションモデル
Q: 所属芸能事務所は【_____】
A: アソビシステム
Q: 音楽出版活動に関しては【_____】と業務提携をしている
A: 芸映
Q: 血液型は【_____】
A: ABO式血液型IB型
Q: 公式【_____】は「'''KPP CLUB'''」
A: ファンクラブ
Q: 2011年7月16日にYouTube上で公開した、【_____】シングル
収録曲であるPONPONPONのPVが世界的な注目を集めた
A: メジャー・デビュー (音楽家)|メジャーデビュー
……さらに続く……
```

　いい感じでクイズになっていませんか？　一体、GetQuizFromWiki
というのは何をやっているのでしょうか。

きゃりー
ぱみゅぱみゅ
のクイズ、
意外と難しいな

Wikipedia には構造があるからクイズができる

　Wikipediaの記事をブラウザで見ているとわかりますが、関連し
た用語やフレーズなどにリンクが張ってあります。それをクリック
すると別のWikipediaの記事につながります。その記事の中にはさら
にリンクがいっぱいあって、また別の記事へと続く……。つまり、
Wikipedia記事の中のリンクというのは個別の記事ができるほど重要
な言葉や名称、用語であるということです。

☞ Wikipediaのデータ構造

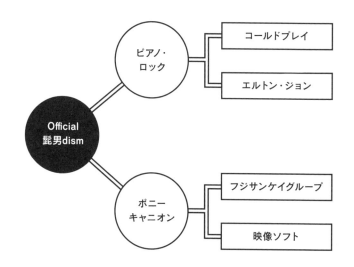

たとえば「Official髭男dism」の記事の概要の冒頭を見てください。

Official髭男dismは、日本のピアノPOPバンドである。所属事務所はラストラム・ミュージックエンタテインメント。

これはOfficial髭男dismについてのWikipediaの文章ですが、ここには、

- 誰のこと？　　　　Official髭男dism
- ジャンルは？　　　日本のピアノPOPバンド
- 事務所は？　　　　ラストラム・ミュージックエンタテインメント

　といった内容が盛り込まれています。いずれも重要な情報です。当然ですが、クイズというのは重要なポイントを問うものなので、まさにこのリンクテキストがクイズの質問そのものになるのです。そしてその方法は簡単。リンクを空欄にしてしまえばよいのです。

「Official髭男dism」のクイズの例：

- ○○○は、日本のピアノPOPバンドである。所属事務所はラストラム・ミュージックエンタテインメント。

- Official髭男dismは、日本の○○○バンドである。所属事務所はラストラム・ミュージックエンタテインメント。

- Official髭男dismは、日本のピアノPOPバンドである。所属事務所は○○○。

　GetQuizFromWikiはこのWikipedia記事の特徴を生かしてクイズを自動的に作成しています。考え方は単純なのですが、具体的な過程はもっと複雑です。ここではちょっとその仕組みに足を踏み入れてみましょう。

リンクを空欄にするだけでクイズができるんだ

var って何だ？

　GetQuizFromWikiというメソッドは生成したクイズをデータベース
というものに保存しています。「データベース」という言葉は皆さん
も耳にしたことがあると思いますが、プログラミングでは重要な概念
です。ここではデータベースの説明をしていきますが、その前にコー
ドの冒頭に出てくるvarについて理解しましょう。GetQuizFromWiki
メソッドが返してくる値を入れる入れ物、quizの型がvarとなってい
ます。

```
var quiz = Magic.GetQuizFromWiki("Official髭男dism");
```

　このvarはvariant（バリアント、変異）という単語の省略です。な
ぜそのような名前になっているかというと、次のコードを見てくださ
い。

```
string text1 = "こんにちは";
var text2 = "こんばんは";
var number = 2;
```

　データを入れておく変数の入れ物には「型」が必要なのはもう理解
できていると思います。「課長 島耕作」のようにstring textとすると、
textという入れ物の型は文字列となります。文字列の入れ物には数字
などの別のタイプのデータを入れてはいけません。

```
int text1 = "こんにちは";
```

このintというのは整数（integer）の略ですが、数字を入れる入れ物としてtextを作ったにもかかわらず、そこに"こんにちは"という文字列を入れるとエラーになるのです。皆さんもご自分でこのようなコードを書いて実行してみると、エラーが表示されますのでやってみてください。

さて、その次のコードですが、varという型は「最初にデータが入ってきたものに合わせて変異する」というものなのです。

```
var text2 = "こんばんは";
```

この場合、text2という入れ物に"こんばんは"という文字列を入れた段階でstringになるのです。まるで周囲の色に合わせるカメレオンのような型なのです。このためこのコードはエラーになりません。

3行目のコードも同様にvarを使っています。

```
var number = 2;
```

この例だとnumberという入れ物に2という整数を入れていますので、この入れ物の型は自動的にintになります。

☞ varはカメレオンのように型を変える

```
var text2 = "こんばんは";
```

『"こんばんは";』という文字列を入れた段階で string の変数に代わる

```
var number = 2;
```

『2;』という数字を入れた段階で int の変数に代わる

では、varを使ったquizという変数はどんな型なのでしょうか。

```
var quiz = Magic.GetQuizFromWiki("Official髭男dism");
```

実はこれをしっかりと型宣言して書くとこうなります。

```
Dictionary<string, string> quiz = Magic.GetQuizFromWiki
("Official髭男dism");
```

　なんとこんなに複雑なデータの型があるのです。このコードがどのように機能していくのか、具体的に説明していきましょう。

Wikipedia の記事をすべてスキャンしてクイズを作る

　まずはトピックをもとに記事の全テキストをスキャンします。そして次の基準をもとに質問文として使えそうな文章を選択します。

① 3つ以上の文章がある段落のみを選択
② 各文章からリンク用語があるものだけを選択
③ 文章には最低20文字が必要

　つまり、ある程度の長さの文章で、きちんとリンク用語が入っているものを選んで質問文としているわけです。ロジックは単純です。

　そして、質問文が決まったら、あとはリンク用語を空欄にして、そこにあったものを正解とします。リンク用語が複数ある場合は長さの長いものを選ぶようにしています。ここのロジックも単純です。

　これで1つの記事から、質問文とそれぞれの正解を抽出できます。記事によっては条件に合わない（つまり質問文にしにくい）文章が多く含まれるものもあるので、できあがる質問数は記事によってまちまちです。もちろん全く質問文が抽出できないケースもありますが、「Official髭男dism」のように内容の濃い記事であれば、質問と正解がごっそりと取り出されます。

　つまり、次のような形でWikipediaの内容からデータを抽出しているのです。

☞ GetQuizFromWikiの機能

```
var quiz = Magic.GetQuizFromWiki("Official髭男dism");
```

Wikipediaの『Official髭男dism』の内容から

1.	3つ以上の文章がある段落のみを選択

Wikipediaから、『Official髭男dism（オフィシャルひげだんディズム[1]、）は、日本のピアノPOPバンドである。所属事務所はラストラム・ミュージックエンタテインメント[2]。公式ファンクラブは「BROTHERS」。』が抽出される

2.	各文章からリンク用語があるものだけを選択

3.	文章には最低20文字が必要という条件をもとに文章を抽出

リンクがなく、20文字以上の文章でない、『公式ファンクラブは「BROTHERS」』の部分がカットされる

4.	それを質問文（リンク以外の文章）と、正解（リンクに該当する言葉や文章）に分けて、quizという変数に格納していく

『Official 髭男 dism（オフィシャルひげだんディズム [1]、）は、日本のピアノPOP バンドである。』という文章を『 Official 髭男 dism（オフィシャルひげだんディズム [1]、）は、日本の ___ である。』という質問文と、正解の『ピアノPOPバンド』という言葉に分けて、quiz という変数に入れる

　これと同じことを以降のWikipediaの文章内で何回も行い、たくさんの質問文と正解のデータをquizという変数に入れていくわけです。

「データベース型」の Dictionary

　GetQuizFromWikiはトピックをもとにいくつもの質問文と正解を生成します。これは「質問」と「正解」がセットになったものがいくつもあるデータです。

☞ クイズデータの概念

質問	―	正解
質問	―	正解
質問	―	正解
質問	―	正解

……

　p.113の音声認識のところでRecognizeFromListメソッドを取り上げましたが、そこで認識する言葉を入れておく文字列配列について解

説しました。

　あの文字列配列もデータベースの一種ですが、配列の各入れ物には文字列の値を1つしか入れることができません。Listは1つの入れ物に1つのデータが入ったものをたくさん集めるイメージです。ところがこのアプリのクイズデータは「質問」と「正解」という2つのデータをセットにして、1つの引き出しに入れておく必要があります。そこで役に立つのがDictionary（辞書）というデータ型です。

☞ Dictionaryの概念図

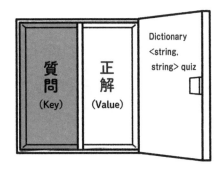

　この型は図のように、KeyValuePairという形で2つのデータを1つの引き出しに格納できるようになっています。Dictionaryということで、辞書をイメージするとわかりやすいかもしれません。たとえば、英和辞典には必ず英語の見出し語と日本語の意味がペアで掲載されています。それと同じようにこのKeyValuePairの構造の中に、先程取り

出した質問文と正解のペアがどんどん格納されていくわけです。

　ちなみにvarが自動的にDictionary型になった仕組みは、GetQuiz FromWikiが2つの文字列データをセットで送ってくるので、それに合わせstringやintでなく、Dictionary型に変化したというわけです。

新たなループ、foreach

　GetQuizFromWikiメソッドで「Official髭男dism」に関するクイズデータがDictionary<string, string>という型のquizという変数に大量に入りました。そこから質問と正解を取り出すために、いくつもあるペアのデータをザーッと「スキャン」します。そのために使われるのがforeachです。これは配列やDictionaryなどの複数項目が入ったデータを最初から最後までループするときに使います。つまり、先程quizという変数に格納していったペアを1つひとつ取り出していくのが、このforeachになります。それぞれのデータの意味は次の通りです。

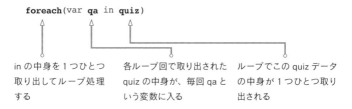

foreach(var qa in quiz)

in の中身を1つひとつ　　各ループ回で取り出された　　ループでこの quiz データ
取り出してループ処理　　quiz の中身が、毎回 qa と　　の中身が1つひとつ取り
する　　　　　　　　　　いう変数に入る　　　　　　出される

これでDictionary型のquizの中身をザーッとスキャンします。そして、"ペア"になっている各項目から質問と正解を取り出すのがこのコードです。

```
qa.Key;
qa.Value;
```

qaというのは各ループ回でのペアのデータ。そのqaが持っているKeyが質問、Valueが正解となります。これで質問と正解がズラッと表示される仕組みがわかったと思います。

コードをもう一度見てみましょう。foreachを使ってクイズのDictionaryデータを1つひとつ取り出し、それぞれに対してqa.Key（質問）とqa.Value（正解）を画面表示しているわけです。

```
var quiz = Magic.GetQuizFromWiki("Official髭男dism");

foreach(var qa in quiz)
{
   Console.WriteLine("Q: " + qa.Key);
   Console.WriteLine("A: " + qa.Value);
}
```

なるほど！

パソコンとクイズ対決！

　ここからは少し本格的にアプリのデザインをする作業をやってみましょう。Magic.GetQuizFromWikiを使うと、トピックを指定するだけでクイズの質問・正解データができあがります。それを利用して、インターアクティブにパソコンとクイズをやるアプリを作りたいとします。一体どうやって作業をしていけばよいのでしょうか。

まずはアプリの大まかなデザインを考えてみよう

　まず考えなければいけないのはアプリの流れ（Flow：フローといいます）です。まずは自分でどのようにパソコンとユーザーがやりとりをするか考えてみてください。たとえば、こんな感じのものはどうでしょう。

■完成形の例
①アプリが立ち上がると「お好きなトピックをおっしゃってください」
　とパソコンが指示を出す
②ユーザーがクイズにチャレンジしたいトピックを言う
③パソコンは「○○ですね」と確認をする
④ユーザーは「はい」か「いいえ」と言う
　　a. もし「はい」なら続ける
　　b. もし「いいえ」なら①に戻る
⑤パソコンがクイズを出す
⑥ユーザーが答える

　　a. 正解だとチャイムを鳴らして次へ

　　b. 不正解ならブザーを鳴らして次へ

⑦⑤に戻って次のクイズを出す

　　a. 最後のクイズに至ったら正解率を出して終わる

　どんな感じでクイズのやりとりがされるか簡単に想像ができますよね。実は、MagicWandを使えばこれまで解説したプログラミングの基礎知識だけでもこれだけのアプリは作れるのです。ただ、いきなり上記の機能をすべて備えたものは難しいので、単純なフローからコードにしていきましょう。

最初のバージョン

①アプリが立ち上がると「お好きなトピックをタイプしてください」とパソコンが指示を出す

②ユーザーがトピックをタイプする

③パソコンがクイズを出す

④ユーザーが答えを考え、わかったら何かキーを押す。すると答えが表示される

⑤③に戻って次のクイズを出す

　　a. 最後のクイズが終わったら「終了」のサインを出す

　まずは上記を実現させるコードを書いてみましょう。このフローを「Ver.1」とします。

コードにフローを反映させる

　さて、頭の中でどんな流れになるか想像がつきましたか。そうしたらまずはコードの中にそのフローをコメントで書いてみてください。

まずは、日本語で
いいわけね

　どんなコードを書くかはまだわからなくても構いません。ただ、自分が考えたフローを着実に実行するために、その「指針」となるメモを書いておくととても便利です。

　ここではまず新しいプロジェクトを作ってください。Quiz2という名前にし、またいつもの通り参照作業を完了させてください。

　では、p.157のフローに沿って、次のようなコメントを入れます。

☞【サンプルコード：Quiz2-1.txt】

```
using System;
using System.Collections.Generic;
using System.Linq;
using System.Text;
```

```
using System.Threading.Tasks;
using MagicWand;

namespace Quiz2
{
    class Program
    {
        static void Main(string[] args)
        {
            // 「お好きなトピックをタイプしてください」の指示を出す

            // ユーザーがトピックをタイプする

            // パソコンがトピックをもとにクイズを出す

            // ユーザーが答えを考え、わかったら何かキーを押す。すると答
えが表示される

            // 次のクイズを表示する

            // もし最後のクイズが出たら「終了」のサインを出す
        }
    }
}
```

　こうやってフローをコード内に入れておけば、あとは1つひとつ
コーディングをしていけばよいだけです。これからセクションごとに
数行のコードを書きながらVer.1の完成を目指します。

最初の操作指示を出す

　画面にユーザーへの操作指示を表示させるのはこれまでに何度も
やってきました。もうわかると思いますが、次の1行でOKです。

　以降はコードを書き加える作業が多くなってくるので、書き加える
部分に絞ってコードを掲載していきます。全体の中での位置づけがわ
かりづらくなったら、ダウンロードできるサンプルコードを確認して
ください。

☞【サンプルコード：Quiz2-2.txt】

```
static void Main(string[] args)
{
    // 「お好きなトピックをタイプしてください」の指示を出す
    Console.WriteLine("お好きなトピックをタイプしてください");

    // ユーザーがトピックをタイプする

    // パソコンがトピックをもとにクイズを出す

    // ユーザーが答えを考え、わかったら何かキーを押す。すると答えが表示さ
れる

    // 次のクイズを表示する

    // もし最後のクイズが出たら「終了」のサインを出す
}
```

　ここではテキストの表示だけなので、次のステップに行きましょう。

ユーザーがトピックをタイプする

最初の操作指示が出たら、ユーザーがトピックをタイプします。どんなコードを書くかわかりますか？　ユーザーの入力を受けて、その内容を変数の入れ物に入れておくのです。

☞【サンプルコード：Quiz2-3.txt】

```
static void Main(string[] args)
{
    // 「お好きなトピックをタイプしてください」の指示を出す
    Console.WriteLine("お好きなトピックをタイプしてください");

    // ユーザーがトピックをタイプする
    string topic = Console.ReadLine();

    // パソコンがトピックをもとにクイズを出す

……後半省略……
```

Console.ReadLine()でユーザーからのタイプ入力を受けました。そこで入ってくるテキストはtopicという文字列（string）の変数に入れておきます。これは天気予報アプリのところでもやりましたよね。

ここまで学んだ
知識で色々
できるんだね

トピックをもとにクイズを出す

　さてここが最も難しいところです。GetQuizFromWikiというMagic のメソッドを使えばトピックに応じたクイズをどっさりと作ってくれ るのでしたよね。まずは次の1行を加えてみてください。

☞【サンプルコード：Quiz2-4.txt】

```
static void Main(string[] args)
{
    // 「お好きなトピックをタイプしてください」の指示を出す
    Console.WriteLine("お好きなトピックをタイプしてください");

    // ユーザーがトピックをタイプする
    string topic = Console.ReadLine();

    // パソコンがトピックをもとにクイズを出す
    var quiz = Magic.GetQuizFromWiki(topic);

    // ユーザーが答えを考え、わかったら何かキーを押す。すると答えが表示される

……後半省略……
```

　ユーザーがタイプした文字列が入っているtopicをGetQuizFromWiki に渡してクイズを生成してもらいます。できあがったクイズデータは quizという変数に入ります。このquizは どんなデータか覚えていますか？　varは 何でしたっけ？

質問と正解の ペアじゃ なかったっけ？

そうです、質問と解答のペアが入っているのでした。クイズがいくつもあるわけですから、それを1つずつ表示させたいですよね。1つひとつグルグル回しながらデータを処理する「ループ」を使います。

```
// パソコンがトピックをもとにクイズを出す
var quiz = Magic.GetQuizFromWiki(topic);

foreach (var qa in quiz)
{

  ……中にクイズを表示させ、解答を出すコードを入れる

}
```

これでたくさんあるクイズを1つひとつループする準備ができました。では各ループでクイズを表示するコードを書いてみましょう。

☞【サンプルコード：Quiz2-5.txt】

```
static void Main(string[] args)
{
    // 「お好きなトピックをタイプしてください」の指示を出す
    Console.WriteLine("お好きなトピックをタイプしてください");

    // ユーザーがトピックをタイプする
    string topic = Console.ReadLine();

    // パソコンがトピックをもとにクイズを出す
    var quiz = Magic.GetQuizFromWiki(topic);
```

```
foreach (var qa in quiz)
{
    Console.WriteLine("Q: " + qa.Key);
}

    // ユーザーが答えを考え、わかったら何かキーを押す。すると答えが表示される
```

……後半省略……

　毎回のループでqaという変数には質問と正解がペアになったデータが入ります。データはキーと値が一対になったものになっていて、Keyには「質問」、Valueには「正解」が入っていました。まずはクイズの文章を表示するので、qa.Keyという形で質問文を取り出して、それを"Q：○○○"という形式で表示させます。

　さて、これまでまだ一回もアプリを動かしていないのでちょっと不安ですよね。ではアプリを動かしてみて問題がないかどうかチェックしましょう。ただ、このままだと最初のサンプルコードでやったようにズラーッと質問文が表示されるので、以下のReadKeyを入れて、一回一回止めて、何かキーを押すと次のクイズに行くようにしましょう。

☞【サンプルコード：Quiz2-6.txt】

```
static void Main(string[] args)
{
    // 「お好きなトピックをタイプしてください」の指示を出す
```

```
    Console.WriteLine("お好きなトピックをタイプしてください");

    // ユーザーがトピックをタイプする
    string topic = Console.ReadLine();

    // パソコンがトピックをもとにクイズを出す
    var quiz = Magic.GetQuizFromWiki(topic);

    foreach (var qa in quiz)
    {

        Console.WriteLine("Q: " + qa.Key);

      // ユーザーが答えを考え、わかったら何かキーを押す。すると答えが表示される
        Console.ReadKey();
    }

    // 次のクイズを表示する
```

……後半省略……

　ではアプリをスタートさせてみてください。コードをたくさん打ち込んだので、きっとミスもあるでしょう。エラーが出たら1つひとつ丁寧に見直していってください。うまくいけば次のようになるはずです。ちなみに以下の例では「Perfume」をトピックにしました。

```
お好きなトピックをタイプしてください
Perfume
Q: Perfume（パフューム）は、【＿＿＿＿＿】がプロデュースする広島
```

> 県出身の3人組テクノポップユニット
> Q: レコードレーベルは【＿＿＿＿】
> Q: 【＿＿＿＿】は英語で香水の意味を表す言葉である
> Q: これは【＿＿＿＿】など人気の出るグループは画数が13画という
> ジンクスにあやかりたく考えたものだった
> Q: その後、2003年春に上京して【＿＿＿＿】に所属したことを機
> に、グループ名の表記をアルファベットの「Perfume」に改める
> ・・・

　キーを押すたびにクイズがどんどんと出てきます。とりあえずフロー通りになっていて順調ですね。では次のステップに進みます。

> 想定通りに動くと
> 安心するね

キーを押したら正解を出す

　さてクイズが出たらまずユーザーは文章を読んで解答を考えます。わかったらキーを押します。そうすると正解が表示されるようにします。これは簡単ですよね。正解はどこにありましたか？　そうです、qaのValueでした。

☞【サンプルコード：Quiz2-7.txt】

```csharp
static void Main(string[] args)
{
    // 「お好きなトピックをタイプしてください」の指示を出す
    Console.WriteLine("お好きなトピックをタイプしてください");

    // ユーザーがトピックをタイプする
    string topic = Console.ReadLine();

    // パソコンがトピックをもとにクイズを出す
    var quiz = Magic.GetQuizFromWiki(topic);

    foreach (var qa in quiz)
    {

        Console.WriteLine("Q: " + qa.Key);

    // ユーザーが答えを考え、わかったら何かキーを押す。すると答えが表示される
        Console.ReadKey();

        Console.WriteLine("A: " + qa.Value);
    }

    // 次のクイズを表示する
```

……後半省略……

この1行を加えて実行するとクイズと正解が交互に出てきます。以下は「King Gnu」でクイズを作った例です。

お好きなトピックをタイプしてください
King Gnu
Q: King Gnu（キングヌー）は、日本の4人組【＿＿＿】
A: バンド（音楽）
Q: 2013年、【＿＿＿】を中心にSrv.Vinci（サーヴァ・ヴィンチ）
という名前で活動を開始
A: 常田大希
Q: バンド名は、由来である動物の" Gnu ＝【＿＿＿】"が、
春から少しずつ合流してやがて巨大な群れになる習性を持って
おり、自分たちも老若男女を巻き込み大きな群れになりたい
という思いから名づけられた
A: ヌー
……

なんだかアプリがそれっぽくなってきました。さらに続けます。

このクイズも
いい感じ

最後のクイズが出たら「終了」のサインを出す

さて、コメントには次のステップは「次のクイズを表示する」とありますが、これはforeachのループですでに実現しているため、新しいコードは不要です。そして最後のコメントが「もし最後のクイズが出たら「終了」のサインを出す」というものです。これは実はとても簡単です。すべてのクイズを表示し終わったらループが終了して、そこから出てくることになります。ですので、ループの次の行で「終わったよ！」と表示すればよいだけです。

ということで最後のコードはこんな感じです。

☞【サンプルコード：Quiz2-8.txt】

```
static void Main(string[] args)
{
    //「お好きなトピックをタイプしてください」の指示を出す
    Console.WriteLine("お好きなトピックをタイプしてください");

    // ユーザーがトピックをタイプする
    string topic = Console.ReadLine();

    // パソコンがトピックをもとにクイズを出す
    var quiz = Magic.GetQuizFromWiki(topic);

    foreach (var qa in quiz)
    {

        Console.WriteLine("Q: " + qa.Key);
```

```
  // ユーザーが答えを考え、わかったら何かキーを押す。すると答えが表示される
    Console.ReadKey();

    Console.WriteLine("A: " + qa.Value);
  }
  // もし最後のクイズが出たら「終了」のサインを出す
  Console.WriteLine("……終了です！……");
  Console.ReadLine();
}
```

　では改めてアプリを開始し、色々なトピックでクイズを試してみて
ください。

トピックが Wikipedia にないときはどうする？

　おそらくすでにこの問題に遭遇した方がいると思います。そうで
す、Wikipediaに存在しないトピックを入れると何も表示されません。
トピックは完全に一致していないといけないので、タイプミスでも
同様の問題は発生します。これはどうにかしたいです。Wikipediaに
記事がないとクイズ（変数のquizです）は空っぽになります。これを
チェックしておけばよいのです。つまり「もしquizが空だったらト
ピックをもう一度入れるよう指示を出す」というコードを書きます。
これはちょっとタフですが、次の4行を入れて修正してみてください。

☞【サンプルコード：Quiz2-9.txt】

```csharp
static void Main(string[] args)
{
    var quiz = new Dictionary<string, string>();

    while(true)
    {
        //「お好きなトピックをタイプしてください」の指示を出す
        Console.WriteLine("お好きなトピックをタイプしてください");

        // ユーザーがトピックをタイプする
        string topic = Console.ReadLine();

        // パソコンがトピックをもとにクイズを出す
        quiz = Magic.GetQuizFromWiki(topic);
        ※ここで var がなくなっていますので注意してください

        if(quiz.Count > 0)
            break;
    }

    foreach(var qa in quiz)
    {

        Console.WriteLine("Q: " + qa.Key);

      // ユーザーが答えを考え、わかったら何かキーを押す。すると答えが表示される
        Console.ReadKey();

        Console.WriteLine("A: " + qa.Value);
    }
    // もし最後のクイズが出たら「終了」のサインを出す
    Console.WriteLine("……終了です！……");
    Console.ReadLine();
}
```

　これで正しいトピック（つまりWikipediaに存在するトピック）が入力されるまで何度も入力を催促するようになります。これはwhileループで処理しています。whileループはCHAPTER 1の「カレーライスゲーム」でやりました。

```
while(true)
{
……ユーザーが有効なトピックを入れるまでここの処理を繰り返す

}
```

　そこで、入力されたトピックでquizデータができると、その中身の数を調べます。それがこの行です。

```
if(quiz.Count > 0)
```

　Dictionary という型にはCount（カウント＝数を数える）というメソッドがあり、これでDictionaryの中のアイテムの数を簡単に取得できます。つまり、このコードの意味は「もし（if）クイズの数（quiz. Count）が最低でも一個あれば（> 0)」という条件になります。もし0より多い、つまりクイズの内容があれば、この"催促ループ"から抜け出します。それが2行目のbreakです。

```
if(quiz.Count > 0)
  break;
```

　条件が整うまで何度も処理を続けたい場合に、このwhileループを使うパターンに慣れてください。

　さて、皆さんが不可解だったのは突然出てきたこの行だと思います。

```
var quiz = new Dictionary<string, string>();
```

　whileループの外で（つまりループが始まる前に）quiz変数を作っています。以前はGetQuizFromWikiメソッドから返ってくるクイズデータを直接この変数にぶち込んでいました。

```
var quiz = Magic.GetQuizFromWiki(topic);
```

　ところが、新しく出てきたquiz変数の宣言は、とりあえず変数を作っただけのコードなのです。

```
var quiz = new Dictionary<string, string>();
```

　コードをそのまま読めばわかりますが、「新しい（new）Dictionary

のデータ型（中身は文字列のペア）をquizに設定する」ということをやっているのです。

　ここはちょっと難しいデータ構造の話になるのでよくわからなくても構いません。それよりも理解してもらいたいのは、なぜquiz変数の宣言をここに持ってきたかです。実は、whileループは1つのブロックになっています。このブロック内で作った変数はブロックの外で使うことができないのです。

```
while(true)
{

……この中で作った変数はブロック内でしか使えない

}
```

そんな決まりがあるんだ！

　ところが、有効なトピックが入力されてクイズデータが整うと、その後すぐにクイズの1つひとつを表示するループが始まり、当然そこでquizという変数を使わないといけません。

```
foreach (var qa in quiz)
{
}
```

　ここで何も考えないで次のようなコードにするとエラーが出てきます。

```
static void Main(string[] args)
{
    while(true)
    {
        //「お好きなトピックをタイプしてください」の指示を出す
        Console.WriteLine("お好きなトピックをタイプしてください");

        // ユーザーがトピックをタイプする
        string topic = Console.ReadLine();

        // パソコンがトピックをもとにクイズを出す
        var quiz = Magic.GetQuizFromWiki(topic);
        ※ここで作られた quiz 変数は while ブロック内のみ有効

        if(quiz.Count > 0)
            break;
    }

    foreach (var qa in quiz)  ※ここでエラーが発生します
    {

……後半省略……
```

　whileループを入れるまでは何も問題がなかったのですが、途中でwhileループやif文など、ブロックでコードを囲んで書く場合はこの変数のスコープ（どこまで有効かということです）の問題が出てくるので、注意が必要なのです。

> コードが複雑に
> なると、注意する
> ことも増えるのね

パソコンと音声でクイズ対決！

では最後にこのクイズアプリを音声で行う仕様に「バージョンアップ」してみましょう。これを以降、「Ver.2」と呼びます。前回と同様まずはフローを考えますが、その前にデザイン面から考えておかなければいけない点があります。

問題点1：トピックを音声で入力する場合、誤認識の問題があるほか、最近の言葉（例：Official髭男dism）は未知語のためにどうしても認識されない。

問題点2：正解を音声で入力する場合も同様の問題がある。

Siriなどを使う場合も誤認識の問題は当然あります。これが頻繁に発生するとユーザーの興味も一気にしぼんでしまいます。こういった問題には一体どうやって対処すべきなのでしょうか。

音声認識の壁は
高そうだね

まずはフローを考えてみよう

　この問題を解決するために次のようなフローを考えてみました。

①ユーザーに「お好きなトピックをタイプしてください」と音声と画面表示で指示する

②ユーザーがクイズに挑戦するトピックを入力

③クイズを表示すると同時に「三択」を表示する。それぞれに1、2、3と番号が振ってある

④ユーザーが解答を番号で言う

　　a.　正解だと「正解です」と音声で知らせる

　　b.　不正解だと「間違いです」と音声で知らせる

⑤繰り返す

⑥終わったら「終了です」と知らせる

ときには妥協も必要

　ポイントは①でトピックをタイプ入力にした点です。問題点1の誤認識と未知語の問題は深刻です。ここは精度をとって、面白さを捨てることが賢明でしょう。

　別のアプローチとして、音声でトピックを入れて、もし2回失敗したら3回目は「タイプしてください」と入力を切り替えることも考えられます。ここでは取り上げませんが発展形として後でチャレンジしてみてください。新しいコードの知識は不要で、while文を使って処理できます。

確実に音声認識を成功させるために

　解答を音声で伝える形にするのもリスクが高いです。ただ、ここは
ちょっと工夫してみます。クイズの解答そのものを音声で言わせる
のではなく、三択にしてその番号を言ってもらうようにしてはどうで
しょう。p.113で「リストから音声認識をする」コードをやったのを
覚えていますか？　そうです。Magic.RecognizeFromListメソッドで
す。リストから音声認識するのは精度が高かったですよね。これを利
用して確実に解答をしてもらうわけです。

　問題はどうやって三択の選択肢を作るかです。でもご安心を。Magic
には GetMultipleChoiceByTopic（トピックから複数選択肢を作る）
というメソッドが用意されています。この中身は複雑なので説明は省
きますが、これもWikipediaを利用しています。

　たとえば、Official髭男dismクイズで出てきた次の問題ではどんなバ
ンドかを尋ねていて、その正解は「ピアノ・ロック」です。

> Q: Official髭男dism（オフィシャルひげだんディズム、）は、
> 日本の【＿＿＿＿】バンドである
> 選択肢：[1: ポップ・パンク 2: ピアノ・ロック 3: ユーロロック]
> 解答は何番ですか？
> A: ピアノ・ロック

　この正解から三択を作れるでしょうか？　つまりは他の2つの選択
肢（不正解）をどう作るかということになります。まず、正解である
「ピアノ・ロック」のWikipedia記事からそのカテゴリを抽出します

（たいていはページの最下部に複数あります）。その中からランダムに
1つ選び、その中にある別の記事をこれまたランダムに2つ選びます。
ここでは「ロックのジャンル」というカテゴリが選択され、そこから
2つの項目、「ポップ・パンク」と「ユーロロック」を選んできてい
ます。また、3つのうち正解を何番に入れるかもランダムに選ばれて
います。

☞ **正解以外の選択肢を抽出する仕組み**

①カテゴリ欄からランダムに1つのトピックを選択

　※今回は「ロックのジャンル」を選択

② ①で選ばれたカテゴリから、2つの項目が選択肢となる

この三択自動抽出機能によって、全く適当に選択肢を作るよりは面白い仕様になっているはずです。そしてこのメソッドのおかげで、ユーザーに番号だけを言ってもらうことも実現し、これで音声入力が可能となるわけです。

こうしたロジックを考えるのも、プログラミングに必要な力なんだね

最初の指示を音声で行う

ではさっそくVer.1に修正を加えていきましょう。まずは最初の操作指示を音声でも行うようにします。ここもすでにMagic.Speakを何度も使っているのでわかりますよね。次の3行でOKです。

☞【サンプルコード：Quiz2-10.txt】

```csharp
static void Main(string[] args)
{
    //quizのDictionary変数を宣言しておく
    var quiz = new Dictionary<string, string>();
```

```
while(true)
{
    // 「お好きなトピックをタイプしてください」の指示を出す
    string message = "お好きなトピックをタイプしてください";
    Console.WriteLine(message);// 画面で表示
    Magic.Speak(message);  // 音声でも指示

    // ユーザーがトピックをタイプする
    string topic = Console.ReadLine();
```

……後半省略……

三択の表示を行う

次は三択の表示をやってみましょう。実はここはとても簡単です。MagicのGetMultipleChoiceByTopicメソッドを呼ぶだけです。クイズを表示するforeachのループ内で、次の3行を加えてください。

☞【サンプルコード：Quiz2-11.txt】

```
static void Main(string[] args)
{
    ……前半省略……


    foreach (var qa in quiz)
```

```
  {
    // 次のクイズを表示する
    Console.WriteLine("Q: " + qa.Key);

    // 正解のトピックをベースに三択を取得する
    string choiceString =
            Magic.GetMultipleChoiceByTopic(qa.Value);
    // 選択肢を表示する
    Console.WriteLine("選択肢:" + choiceString);
    Console.WriteLine("正解は何番ですか？");

    // ユーザーが答えを考え、わかったら何かキーを押す。すると答えが表示される
    Console.ReadKey();

    Console.WriteLine("A: " + qa.Value);
    // もし最後のクイズが出たら「終了」のサインを出す
    Console.WriteLine("……終了です！……");
    Console.ReadLine();
  }
}
```

ここではこの行がポイントになります。

```
// 正解のトピックをベースに三択を取得する
string choiceString =
      Magic.GetMultipleChoiceByTopic(qa.Value);
```

このGetMultipleChoiceByTopicは、「三択形式」の文字列を返します。たとえば、クイズの正解が「日本武道館」だと、「公益財団法人」や「東京都のコンサート会場」といった様々なWikipediaの関連カテ

ゴリの中からランダムに2つ不正解の項目を選んできます。時々関連カテゴリが存在しないこともあり、そのときは三択が成立しません。この場合はWikipediaからランダムにトピックを2つ選んで三択項目にします。

　選択肢が3つそろったら、次のような形式で三択文字列を作ります。

"[1: 東京ガーデンシアター 2: 日本武道館 3: 有明コロシアム]"

　三択のテキストができたらそれを表示すると同時に、「正解は何番ですか？」という指示を出すことで、ユーザーに「番号で答えること」を理解してもらいます。

三択から解答を音声で受け取る

　これも簡単です。解答として1（いち）、2（に）、3（さん）という発話だけを対象に音声認識をします。次の3行を加えてください。

☞【サンプルコード：Quiz2-12.txt】

```
static void Main(string[] args)
{
……前半省略……

    // 正解のトピックをベースに三択を取得する
    string choiceString =
```

```
    Magic.GetMultipleChoiceByTopic(qa.Value);
    // 選択肢を表示する
    Console.WriteLine("選択肢：" + choiceString);
    Console.WriteLine("正解は何番ですか？");
    Console.Beep();// ビープを入れて入力の合図を出す
    // 音声認識はリストの 1、2、3 に限定して行う
    string[] choice = new string[] {"1", "2", "3"};
    string kaitou = Magic.RecognizeFromList(choice);

    Console.ReadKey();  ※この行は削除してください

    Console.WriteLine("A:" + qa.Value);
    Console.WriteLine();
  }
  // もし最後のクイズが出たら「終了」のサインを出す
  Console.WriteLine("……終了です！……");
  Console.ReadLine();
}
```

1行目はビープ音を鳴らして「はい、しゃべってください」という
"キュー"を出すパターンですね。重要なのは次の2行です。

```
// 音声認識はリストの 1、2、3 に限定して行う
string[] choice = new string[] {"1", "2", "3"};
string kaitou = Magic.RecognizeFromList(choice);
```

最初の行で音声認識する言葉のリストを作っています。これは文字
列配列に入れます。対象は簡単で1と2と3だけです。

あとは RecognizeFromList を使って音声認識をスタートさせ、ユーザー

が1、2、3のいずれかを言ったら、それがkaitou という変数に入ります。

　ではアプリをスタートさせて確認してみましょう。今回は「新海誠」でクイズを作ってみました。まずスタートさせると質問文と同時に三択が表示され、ビープ音が鳴ります。そこでマイクに向かって「いち」、「に」、「さん」のいずれかを言ってください。音声を認識したら自動的に次のクイズに移動します。

```
お好きなトピックをタイプしてください
新海誠
Q: 妻は女優の【＿＿＿＿】、娘は子役の新津ちせ
選択肢: [1: 三坂知絵子 2: 相川梨絵 3: 藍川めぐみ]
正解は何番ですか？
A: 三坂知絵子

Q: アメリカ合衆国の雑誌『【＿＿＿＿】』は、2016年に新海を
「注目すべきアニメーター10人」のうちの1人に挙げている
選択肢: [1: プレミア (雑誌) 2: バラエティ (アメリカ合衆国の
雑誌)|バラエティ 3: エンパイア (雑誌)]
正解は何番ですか？
A: バラエティ (アメリカ合衆国の雑誌)|バラエティ

Q: 長野県【＿＿＿＿】小海町に出生
選択肢: [1: 南佐久郡 2: 北安曇郡 3: 下水内郡]
正解は何番ですか？
A: 南佐久郡
```

これでキー入力をしなくても次の問題に移ります。では最後の難関に挑んでみましょう！

解答を音声にするだけでも、やりとり感がかなり出るね

正解かどうかを確かめる

ユーザーは三択を見て1、2、3のいずれかを選択します。それをもとに正解か不正解かを決めるにはどうしたらよいのでしょう。先ほどの新海監督の問題を例に考えてみましょう。

> Q: 妻は女優の【　　　　　】、娘は子役の新津ちせ
> 選択肢：[1: 三坂知絵子 2: 相川梨絵 3: 藍川めぐみ]
> 正解は何番ですか？
> A: 三坂知絵子

この三択でユーザーが「1」と言ったら正解です。その他は不正解。判断材料は次の3つです。

①三択の文字列は"[1: 三坂知絵子 2: 相川梨絵 3: 藍川めぐみ]"
②ユーザー解答の文字列は"1"
③正解の文字列は"三坂知絵子"

　3種類の文字列があり、それをどう使ったら正解・不正解の区別ができるでしょうか。ここではこう考えます。

ユーザーの解答（１か２か３）と正解の文字列を足して「正解の選択肢文字列」を作る。

↓

"1" + ": " + "三坂知絵子" = "1: 三坂知絵子"

　そこで三択文字列の中にこの「1: 三坂知絵子」が存在すれば正解だったということです。それ以外は不正解となります。たとえばユーザーが２を選ぶとこの文字列は「2: 三坂知絵子」となるので、そんな選択肢は存在しないために不正解だとわかるのです。

ユーザーの解答も入れた正解の文字列を作っておいて、それがあるかないかで正誤を判断するわけね

　正解・不正解の判断ロジックは理解できましたか？　ではコードを見てください。

☞【サンプルコード：Quiz2-13.txt】

```
static void Main(string[] args)
{
……前半省略……

  foreach (var qa in quiz)
  {
    ……中盤省略……
    Console.Beep();// ビープを入れて入力の合図を出す
    // 音声認識はリストの 1, 2, 3 に限定して行う
    string[] choice = new string[] { "1", "2", "3" };
    string kaitou = Magic.RecognizeFromList(choice);

    // 音声による解答が正しいかどうかの判断をする
    if(choiceString.Contains(kaitou + ": " + qa.Value))
      Magic.Speak("正解です");
    else
      Magic.Speak("間違いです");

    Console.WriteLine("A: " + qa.Value);
    Console.WriteLine();
  }
  // もし最後のクイズが出たら「終了」のサインを出す
  Console.WriteLine("……終了です！……");
  Console.ReadLine();
}
```

if文の中にあるコロン（：）は半角ですので注意してください。そこで重要なのはこのif文です。

```
if (choiceString.Contains(kaitou + ":" + qa.Value))
```

先の例でchoiceStringは"[1: 三坂知絵子 2: 相川梨絵 3: 藍川めぐみ]"です。この文字列が持っているContains（「含まれる」という意味です）というメソッドを使って、その中に次の文字列があるかどうかを簡単に調べられます。

```
kaitou + ":" + qa.Value
```

これが先の例ではこの文字列の足し算にあたります。

" 1 "+ ": "+ "三坂知絵子"= "1: 三坂知絵子"

その確認の結果、もし含まれていたら「正解」、それ以外（elseの部分です）なら「不正解」と判断できるのです。

```
if (choiceString.Contains(kaitou + ":" + qa.Value))
    Magic.Speak("正解です");
else
    Magic.Speak("間違いです");
```

　これで問題が出るたびに三択から番号を音声で言うだけで、正解か不正解かの判定を音声で知らせてくれます。そしてクイズは次々に出てきます。考える時間が長すぎると音声認識がタイムアウトして自動的に不正解になります。ちなみにタイムアウトは音声認識をするMagicのコードの中にすでに設定されています。

ここまでくると
思考も深いものに
なっているね

発想は無限大に

　今回作った自動クイズアプリの発展の余地は無限大です。簡単に音声でやりとりするVer.2ですが、ちょっと考えただけでも様々な発展形が浮かびます。

トピックではなくカテゴリでスタートさせる

　今のところWikipediaに存在するトピックを入れないとスタートできませんが、もっと大まかな「ジャンル」から適当なトピックをランダムに選んでクイズをするというのはどうでしょう。たとえば、「Official髭男dism」からではなく、「日本のロック・バンド」というカテゴリの中から自動的にトピックを選んでクイズに挑戦するというものです。Wikipediaのトピックページの最後にはトピックが含まれているカテゴリ一覧があるので、その中から選ぶのがよいでしょう。たとえば、Official髭男dismの場合は次のようなカテゴリがあります。

> カテゴリ: 日本のロック・バンド | 4人組の音楽グループ | Official髭男dism | CDショップ大賞受賞者
> | 2012年に結成した音楽グループ | ポニーキャニオンのアーティスト | NHK紅白歌合戦出演者 | ROCK IN JAPAN FESTIVAL出場者
> | サマーソニック出演者 | SCHOOL OF LOCK!

　好きなカテゴリが見つかったら、そこからどうやってクイズを作るかですが、MagicにはGetPageFromCategoryというメソッドがあります。

```
public static List<string> GetPageFromCategory(string
categoryName)
```

　これに「日本のアイドルグループ」などカテゴリ名を渡すと、その
カテゴリにあるトピックをListとして返します。皆さんはその中からラ
ンダムに1つ選び、それをGetQuizFromWikiTopicsに渡せば完了です。
　ここでは詳細なコードは掲載しませんが、サンプルコードの中に
QuizCategory.txtという完成形を入れてあります。これは次のような
仕様になっています。

①ユーザーは音声でカテゴリ名を言う
②音声認識がうまくいかない場合はタイプ入力する
③カテゴリが決まったら、その中からランダムにトピックを選ぶ
④クイズの数は10問に設定
⑤10問中何問正解したかを表示する

　皆さんはQuizCategoryという名前でプロジェクトを作れば、この
サンプルコードをそのままコピペして使うことができますので試して
みてください。

大分、遊べる
感じだね

完全にランダムに記事を選ぶ

　超カルト的にやりたいなら、Wikipediaのおまかせ表示のように、とにかくランダムに記事を一本持ってきて、そこからクイズをスタートさせるというのはどうでしょう。MagicにはGetRandomWikiというメソッドがあり、ほしい記事の件数を渡すと、自動的に記事を選んでくれるというものです。

```
public static List<string> GetRandomWikiTopics(int number)
```

　もちろんカテゴリ無しに選択されるので、自分が全く知らないものも出てきます。クイズとしてはやりごたえがある半面、難しすぎてつまらないかもしれませんね。

　これもサンプルコードの中にQuizRandom.txtという完成形を入れてあります。アプリのフローは次のような仕様になっています。

①「カルトクイズスタート！」という音声とともに5つのランダムに
　選択されたトピックが表示される
②ユーザーは番号で1つを選ぶ
③トピックが決まったらクイズがスタート
④ここでもクイズの数は10問に設定
⑤10問中何問正解したかを表示する

これも
面白そう！

皆さんもバージョンアップ

もちろんこうした機能拡大の他にも、もっとしっかりとエラーに対応したり、使い勝手を向上させたりと、アイデアはたくさんあります。

①スコアを導入する
②三択か直接答えるかの選択ができる
③三択か直接かで点数が変わる
④正解するとチャイムが鳴る
⑤ヒントがほしい場合は要求できる、などなど

こうした機能を発展させるうちに「ここはどうやってコードを書いたらよいのだろう」「もっと便利な関数はないのか」など自分であれこれ悩みだすはずです。実はこれこそがプログラミングのスタート地点なのです。「どうしたらできるようになるか」という探求心を持てば、プログラミングは簡単に独習できます。適当なプログラミングの初習本を読むのもよいですし、ネットにも膨大な情報が存在します。どんなコードの書き方でも簡単に解決方法が検索できます。

あれがしたい、
これがしたい、
から始まるんだね

　今回本書で初めてプログラミングのコードを書いて、実際に様々な機能を作っていくプロセスに興味を持ったなら、ぜひとも次のステップに進んでみてください。

　まずは自分で何をしたいか、目標を立てることが肝心です。すでにあるアプリを真似て作るのもよし。奇抜なアイデアがあればそれも素晴らしいことです。自分なりのデザインを考えてみて、1つひとつコーディングでどう実現させるかを勉強していくのがプログラミングの醍醐味です。

　できないことはほとんどないと考えてください。スマホのアプリ、機械学習、ゲーム、ウェブサイト、ウェブアプリ、データベースなどなど、おそらく皆さんが想像する以上のことをプログラミングは実現してくれるはずです。

なんか
ワクワクするね

巻末資料

Macで

1分間プログラミング＆
トラブルシューティング

Mac ユーザーの方へ

　本書で使っている開発ツールVisual Studioと、開発言語C#はMac OSでも使うことができます。また、これまで解説してきた「1分間プログラミング」のコードはMac環境でもそのまま実行することができます。本書のために用意したNuGetパッケージ、MagicWandもMac用のものを用意してあります。

　ただし全編で使っている音声機能は、残念ながら同じものがMacには搭載されていません。このため、全く別の方法で音声機能を使う必要があります。

Visual Studio for Mac のインストール

　Mac OSユーザーも開発ツールVisual Studioを無料で使用することができます。残念ながらMac用のVisual Studioは英語版のみですが、コーディングの流れはWindows版とほぼ同じです。ここでは英語のタイトルやメニューなどを日本語で解説していきます。ダウンロードとインストールは、Microsoftのサポートページにある日本語での解説ページに沿って作業を進めてください。

Visual Studio for Macのインストール方法を詳しく調べる：検索エンジンで「Visual Studio for Macをインストールする」を探すか、ブラウザで次のアドレスを入力します。

https://docs.microsoft.com/ja-jp/visualstudio/mac/installation?view=vsmac-2019

インストールの中でWindows版と大きく異なるのはコンポーネントの選択です。

「何をインストールしますか?」という画面では、使えるコンポーネントのリストが表示されますが、Windows版での手順で示した「.NETデスクトップ開発」というのは存在しません。Macでは「.NET Core（ドットネットコア）」を選択してください。本書でのコーディングにはこれだけで十分なので、興味のない方は他のコンポーネントはすべてチェックをはずしても構いません。コンポーネントは後で自由に追加や変更ができます。

コンポーネントの選択が済んだら、画面右下の「Install」ボタンをクリックしてください。あとはプログレスバーが表示されて進行具合を確認できますので、完了するまで待っていてください。

インストールが完了するとVisual Studioが自動的にスタートします。最初のスタート時だけMicrosoftアカウントを聞いてきますので、ま

だアカウントを作っていない方はここで新規作成してください。「後で行う」という選択ボタンもありますが、Microsoftアカウントは後述するAzureのクラウドサービスを使う際にも必要となりますので、ここで作成しておいたほうが便利です。既存の電子メールアドレスがあれば無料で作ることができます。

　Macユーザーの方もこれでプログラミングの準備完了です！

Macでも何とか
なりそうだね

プロジェクトの作成

　プロジェクトの作成方法について詳しく調べる：検索エンジンで「Visual Studio for Mac プロジェクト作成 ダイアログを開く」を探すか、ブラウザで次のアドレスを入力します。

https://docs.microsoft.com/ja-jp/visualstudio/mac/
create-new-projects?view=vsmac-2019

Visual Studioがスタートすると、最初の画面の右側に「＋ 新規」ボタンがあります。これが「新規プロジェクト」作成ボタンです。クリックして次に進みます。

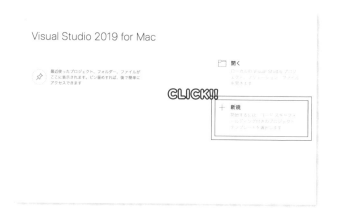

すると「新しいプロジェクト用のテンプレートを選択する」という画面が現れます。

ここで、左側のリストにある.NET Coreの中から「アプリ」を選択し、次に右側のアイテムリストから「コンソール アプリケーション」を選択してください。そして「次へ」ボタンをクリックします。

次にプロジェクトの名前を入力します。ここはWindowsのときと同様、Speak1という名前を入力してみてください。

　プロジェクトの場所は「場所」という欄に入力します。ここはすでにProjectsという場所が指定されていますが、本書で作るプロジェクト用にはMyCodeに変更してください（もちろん名前は何でも構いません）。以下のようになります。

/Users/[あなたのユーザー名]/MyCode

　これからいくつもプロジェクトを作っていきますが、常にこの MyCode というフォルダに入れておくと、後で戻って開く際にはとても便利です。
　プロジェクトの名前と場所の指定が終わったら右下の「作成」ボタンをクリックしてプロジェクトを作成します。

まずはアプリを実行してみる

コンソールアプリの実行はMacの場合もWindowsと同じですが、若干異なる点があります。まずコンソールアプリを作成すると最初の画面は次のような感じです（コードのフォントを大きくしてあります）。

```
using System;

namespace Speak1
{
    class Program
    {
        static void Main(string[] args)
        {
            Console.WriteLine("Hello World!");
        }
    }
}
```

Windowsと違ってConsole.WriteLine ("Hello World!") という行が9行目に入っています。まずは気にしないでそのまま実行してみましょう。

何か
変わるのかな？

　Macの場合、「開始」ボタンはウインドウ左上にある黒い三角のボタンです。

　これをクリックしてアプリを実行してみてください。

CLICK!!

　Windowsとは異なり、白いコンソール画面が出てきます。そして画面一行目に"Hello World!"という文字列が表示されています。この白いウインドウ画面はTerminal（ターミナル）というアプリです。しかもWindowsのときのように消えずに表示されたままですので、Macの場合は自分でコンソール画面を閉じてください。メニューバーにある「ターミナル」から「ターミナルを終了」をクリックしてアプリを終了します。このため、Console.ReadLine()のようなコンソール画面を

開いたままにするコードは必要ありません。

　アプリをスタートしてTerminal画面を確認したら、まずはTerminalを閉じてプロジェクトのコーディングの画面に戻ってください。

Windows は黒、
Mac は白か

Mac 用の MagicWand を参照する

　MacのVisual StudioでもMagicWandの参照作業はほぼ同じです。各セクションで新しいプロジェクトを作ったら、必ずMagicWandの参照作業をしてください。

①プロジェクトを開く

　今作ったプロジェクト、「Speak1」が開いていなかったらプロジェクトを開いておいてください。まずは「Speak1」でMagicWandの参照作業を練習してみます。

② NuGet を参照する

　Mac版のVisual Studioでは画面上部のメニューの中から「プロジェ

クト」を選び、その下に出てくるメニューから「NuGetパッケージの
管理」をクリックしてください。

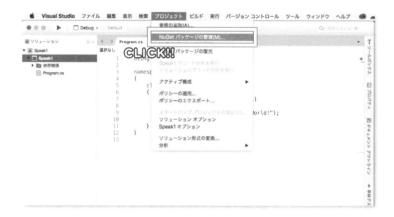

　「NuGetパッケージの管理」という画面が出てきたら、画面右上の
検索ボックスに"MagicWand"と入力します（スペースなし）。する
と検索結果リストの中にMagicWandCoreが出てきます。ここでは
MagicWandWinではなく、MagicWandCoreを選択します。あとは右下
にある「パッケージの追加」をクリックします。

すぐに次の「ライセンスの同意」というダイアログが出てきます。これはMicrosoft Azureの音声サービスを利用するためのコンポーネントが入っているため、ここは「同意する」というボタンを押して進んでください。

　作業はこれで完了です。MacでMagicWandの参照がうまくいったかどうかを確認する方法は、画面左のファイルリストから、「依存関係」という項目の下にあるNuGetの項目を開き、そこにMagicWandCoreがあるかどうか確認してください。

Macでも
簡単にいけるね

Mac OS で音声機能を使うための必要事項

巻末資料

Azure 音声サービスの ID 取得

本書では音声機能をふんだんに使って面白いプログラミングを行います。WindowsにはOS自体に音声機能が搭載されていて、本書ではそれを利用していますが、Mac OSではC#を使って簡単に呼び出すことができる音声機能がありません。そこでMacのMagicWandはMicrosoft Azure（アジュール）というクラウドサービスで提供されている音声機能を使います。そのためにはクラウドサービスを使うためのID（サブスクリプションキー）を取得する必要があります。

このサブスクリプションキーは次のように使います。たとえば、音声合成の場合、Windowsでは次のようにMagicクラスのSpeakメソッドを呼び出しました。

Windowsでのコード：

```
Magic.Speak("皆さんこんにちは");
```

Speakに渡すのはパソコンが話す文字列だけです。Mac用のSpeakメソッドはそれに加えてサブスクリプションキーも渡します。

MacOSでのコード：

```
Magic.Speak("皆さんこんにちは", "ABCDEFGHIJK1234";);
```

追加でキーが
必要になるんだ！

　このサブスクリプションキーは各個人がクラウドサービスに登録して取得する固有のIDなので、こちらから指定するわけにはいきません。そこで皆さんにクラウドサービスの登録作業をしてもらわないといけないのです。
　登録作業に入る前に、「クラウドサービス」とはどのようなものなのかを詳しく解説します。

そもそもクラウドサービスって何？

　クラウドサービスはコンピューターで使う様々な機能をインターネットを通して使うことです。あまりピンとこないかもしれませんが、実はスマホを使っていればすでにクラウドサービスは使っているはずなのです。たとえば皆さんが撮った写真や、ネットで購入した音楽な

と、データは自分のスマホだけにあるのではなく、アカウント登録したネット上のサービスに保管されるようになっていると思います。これも一種のクラウドサービスです。スマホの機種を変えても写真や音楽が失われないのもそのおかげです。

　本書ではたとえば、テキストを読み上げる音声合成という機能を使います。この機能もクラウドサービスに依頼して、得ることができるのです。つまり、コンソールアプリからインターネットを通して「こんにちは」という文字列をクラウドサービスに送信すると「コンニチハ」という声が入った音声データが送られてくるのです。

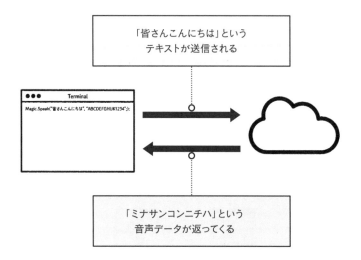

　これを使えば自分のマシンに音声機能がなくても、コンピューターに話してもらったり、自分の声を認識させたりすることが可能となります。クラウドには音声機能以外にも図形認識や顔認識、言語理解など高度な機能がいくつも提供されています。

　本書ではMicrosoftのクラウドサービスを使いますが、その名前をAzure（アジュール）といいます。そしてAzureのクラウドサービスの中で物体や顔、音声などの認識機能を提供しているのがCognitive Services（コグニティブサービス＝認識サービス）です。音声サービスはその中で提供されているサービスの1つです。

Cognitive Servicesについて詳しく調べる：検索エンジンで
「Azure Cognitive Services とは」を探すか、ブラウザで次のアド
レスを入力します。

https://docs.microsoft.com/ja-jp/azure/cognitive-
services/Welcome

Azure Cognitive Services とは

2019/12/19 ・ 👤 🔅 🔆

Azure Cognitive Services は、開発者が直接的な AI またはデータ サイエンスのスキル
や知識がなくてもインテリジェントなアプリケーションを構築するために使用できる
API、SDK、およびサービスです。 Azure Cognitive Services によって、開発者は簡単に
アプリケーションにコグニティブ機能を追加できます。 Azure Cognitive Services の目
標は、開発者が、聞いたり、話したり、理解したり、推論し始めたりできるアプリケ
ーションの作成を支援することです。 Azure Cognitive Services 内のサービス カタログ
は、5 つの主要な柱として、視覚、音声、言語、Web 検索、および意思決定に分類で
きます。

Vision API

サービス名	サービスの説明
Computer Vision	Computer Vision サービスを使用すると、イメージを処理して情報を返すた めの高度なアルゴリズムにアクセスできます。
Custom Vision Service	Custom Vision Service を使用すると、カスタム画像分類器を構築できます。
Face	Face サービスは、顔属性の検出と認識を有効にする、高度な顔アルゴリズム へのアクセスを提供します。

サブスクリプションキーってなぜ必要？

　電子メールもある意味クラウドサービスです。皆さんがやりとりするメールのデータはすべてクラウドのシステムに保存されています。メールを使うためにIDとパスワードが必要であるのと同様、クラウドサービスを使うのにもIDとパスワードは必要です。実際にプログラムを書いてクラウドサービスを使う場合には、このサブスクリプションキーがパスワード代わりになり、登録したユーザーでないと使えない仕組みになっています。

クラウドサービスって本当に無料なの？

　Azureのクラウドサービスは最初の30日間は無料です。その後も使い続ける場合は正式にアカウント登録をしますが、個人がプログラミングの勉強程度で使うのであればお金はかからないと考えてください。

　クラウドサービスは通常、従量課金（Pay as you go）といって、使った分だけお金がかかりますが、毎月一定量以下の使用であれば課金はされません。固定料金もないので一定量を超えない限り無料です。

　ではどれくらい使うと課金が始まるのでしょうか？　例として音声をテキストにする音声認識のケースを見てみましょう。たとえば、

「明日の天気は晴れのち曇りです」

　これを通常の速さでしゃべると前後の間（ま）を入れて約5秒程度でしょうか。これを音声認識のクラウドにプログラムから送ると、ク

ラウドからはしゃべっている内容のテキストが返ってきます。課金は
この送信した音声データの時間の長さに応じて行われます（自分がプ
ログラミングした時間ではありません）。Azure Cognitive Servicesの
音声認識サービスは現在、毎月5時間分のデータまで無料なので、こ
の例の発話であれば単純計算で毎月3600回までは無料ということで
す。最初の無料期間はもちろんですが、30日後に通常のアカウント
に移行しても、個人でプログラミングを練習する程度であれば課金を
心配する必要はありません。もちろん心配であれば無料期間が終了し
た段階でアカウントを閉じることも簡単にできます。

　本書で利用するAzure Cognitive Servicesの音声認識と音声合成の
従量課金（すべてStandardという通常のサービスを使用します）の
詳細は次のサイトに最新情報が掲載されています。料金体系は本書執
筆時と変わっている可能性もありますので、使用する前に詳細を確認
してみてください。

Cognitive Services の価格 — Speech Services：検索エンジ
ンで「Cognitive Services の価格 — Speech Services」を探す
か、ブラウザで次のアドレスを入力します。

https://azure.microsoft.com/ja-jp/pricing/details/
cognitive-services/speech-services/

いつでもやめられる？

　サブスクリプションのキャンセルはいつでも自由にできます。キャンセル方法は次のサイトに詳しく掲載されていますのでご覧ください。

Azure のサブスクリプションのキャンセル方法を調べる：検索エンジンで「Azure のサブスクリプションの取り消し」を探すか、ブラウザで次のアドレスを入力します。

https://docs.microsoft.com/ja-jp/azure/billing/billing-how-to-cancel-azure-subscription

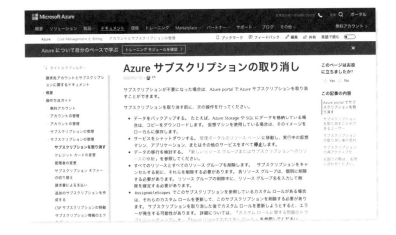

クラウドの音声機能のほうが精度が高い!

　さて、WindowsではOSに搭載している音声機能を利用しますが、実はクラウドの音声機能のほうが性能が高いことを覚えておいてください。クラウドの音声認識は色々な音響環境に対応しているため、誤認識はかなり抑えられます。さらに最新の言葉も理解するので「Official髭男dism」も難なく認識できます。音声合成もより自然なしゃべり方をしてくれます。

　もちろん、Windows 10 に搭載されている音声機能にはネットにつながっていなくても利用できるという利点があります。逆にクラウドの音声サービスはインターネットがないと一切動きません。単純な善し悪しの比較はできませんが、性能だけでいうとクラウドのほうが良いのです。

MagicWandCore は Windows ユーザーでも使える！

実はクラウドサービスを使うMagicWandCoreはWindowsでも利用が可能です。WindowsユーザーもAzureのクラウドサービスに登録さえすればMacと同様に高性能な音声機能を使うことができるのです。ただWindowsでMagicWandCoreを使う際の注意点が1つあります。コンソールアプリを作成する際に、通常は.NET Frameworkのコンソールアプリでプロジェクトを作成していましたが、MagicWandCoreを使う場合は、.NET Frameworkのコンソールアプリではなく、.NET Coreのコンソールアプリを作ってください。それ以外はすべて同じです。

すでに説明した通りMagicWandCoreを使うと音声認識も音声合成もぐんと使いやすくなるので、Windowsユーザーであっても興味がある方は次の「サブスクリプションキーの取得手順」以降を読んで、ぜひ挑戦してみてください。

サブスクリプションキーの取得手順

Cognitive Services のアカウントを作成する

　Azureの音声サービスのサブスクリプションキー取得については、以下のウェブサイトにある手順に従ってください。

音声サービスのサブスクリプションキー取得について調べる：
検索エンジンで「Speech Services を無料で試す 無料試用版」を探すか、ブラウザで次のアドレスを入力します。

https://docs.microsoft.com/ja-jp/azure/cognitive-services/speech-service/get-started

作業を始める前に無料アカウントの種類について説明します。Cognitive Servicesのアカウントの作り方は2つあります。

①ゲストアカウントを作る

この場合は一時的にアカウントを作るので、クレジットカード情報などは一切不要で、すぐにIDの取得ができます。30日間は無料で使用できます。いきなり正式なアカウントを作るのが不安な方はこちらを選択してください。ただし不便な点がいくつかあります。30日後に再度アカウントを登録しなおさないといけません。また、アカウントは自動的に米国に作られるため、Magicの音声メソッドにはregion（地域）の指定が必要となります。音声メソッドの呼び出し方が複雑になるうえ、日本からだとスピードが若干遅れます。もし長くプログラミングの練習をしたいと考えているのであれば、次の「無料Azure」アカウントからスタートすることをおすすめします。

②「Azure 無料アカウント」を作る

一時的なアカウントではなく正式にAzureのアカウントを登録します。この場合でも、最初の30日間は一切お金がかかりません。前述の通り、30日経った後でもプログラミング学習で使用している範囲内では課金レベルには達しないはずです。また、取得したサブスクリプションキーは変更されないので、これも長く使い続けることができます。また、サービスの登録に日本（"東日本"という地域）を指定できるので、パフォーマンスの問題もありません。長くプログラミング学習をしたいと考えている場合はこちらを選択してください。

さて、おおまかな手順は次の通りです。

ゲストアカウントでキーを取得

「Speech Servicesを無料で試す」のページ（前述のリンクからページを開いてください）にある「クレジット カード情報を使用せずに音声サービスを試す」というセクションにある手順に従ってください。

① 手順の説明の中にある「Cognitive Servicesを試す」のページから Speech APIを選択し、「APIキーの取得」をクリックする

② ここで「ゲスト」の項目で「ご利用ください」をクリックする（タイトルでは7日間の無料試用期間とありますが、音声機能は30日間試用できます）

③ 後は画面指示に従うとすぐにサブスクリプションキーを作ることができます。キーは2つ作られますので、画面に表示されたらコピペしてどこかに保存しておいてください

無料 Azure アカウントでキーを取得

「Speech Servicesを無料で試す」のページ（前述のリンクからページを開いてください）にある「Azure リソースを作成して音声サービスを試す」というセクションにある手順に従ってください。

① 手順の中に「Azureサインアップ」ページへのリンクがありますので、それをクリックしてください

② サインアップページにある「無料で始める」をクリックします。あとは画面の指示に従ってAzureアカウントを作成してください。Azureアカウントができると Azureポータル（portal.azure.com）にアクセスできるようになります

③ アカウントができたらAzureポータルに行き、音声サービスを登録します。画面左上の「ホーム」というボタンを押すと、下記の画面に移動します。左側にある「＋リソースの作成」をクリックし、「Marketplace」の検索ボックスに「音声」と入力すると音声サービスがすぐに出てきます

④ 音声サービスのページに移ったら「作成」ボタンを押して登録作業をスタートします

ホーム > Marketplace > 音声

音声
Microsoft

音声 ♡ 後で使用するために保存
Microsoft

作成

CLICK!!

概要 プラン

音声会話を、読解および検索可能なテキストに書き写します。リアルタイムの音声翻訳をアプリとサービスに追加します。テキストをほぼリアルタイムで音声に変換します。既に使い慣れたプログラミング言語を使用して、音声対応のアプリとサービスを迅速に構築します。特定のシナリオ向けに品質を最適化するために、音声システムをカスタマイズします。

役に立つリンク
統合 Speech についての詳細
ドキュメント
Speech Recognition リファレンス
Text to Speech 参照
価格
利用可能なリージョン

ホーム > Marketplace > 音声 > 作成

作成
Speech

✕

名前 *

MySpeechService

サブスクリプション *

無料試用版

場所 *

(Asia Pacific) 東日本

価格レベル (価格の詳細を表示) *

F0

リソース グループ *

CLICK!! Speech

新規作成

CLICK!!

作成   Automation options

227

　ここで入力する内容は次の通りです。

- 「名前」は登録用の名前なので、適当に「MySpeechService」などとしてください
- 「サブスクリプション」は「従量課金」を指定します
- 「場所」というのはクラウドサーバーの地域名です。音声は東日本（japaneast）でサポートされていますのでそれを選んでください。これでMagicの音声メソッドで地域名を入力する必要がなくなりますので、必ず東日本を選んでおいてください
- 「価格レベル」は「F0」（無料）を選択してください。F0というのが「一定量までは無料」というサービスです
- 「リソースグループ」というのは「いくつも登録したサービスをまとめるためのフォルダ」みたいなもので、必ず指定しておかないといけません。ここでは「新規作成」というリンクをクリックすると入力画面が出てきます。名前は何でも構わないのでここでは「Speech」としておきましょう

　リソースグループ名が入力できたら、「作成」ボタンをクリックしてください。これで音声サービスの登録が完了します。この作業をAzureでは「デプロイ（展開）」と呼んでいます。デプロイが完了したら次のような画面が表示されます。最終目標のサブスクリプションキーはその中から確認することができます。

ホーム > Microsoft.CognitiveServicesSpeechServices | 概要

Microsoft.CognitiveServicesSpeechServices | 概要
デプロイ

🔍 検索 (Cmd+/)　　«　　🗑 削除　⊘ キャンセル　↻ 再デプロイ　↻ 最新の情報に更新

- 概要
- 入力
- 出力
- テンプレート

✅ デプロイが完了しました

💬 デプロイ名: Microsoft.CognitiveServicesSpeechServices　開始時刻: 2020/5/4 9:51:51
　　サブスクリプション: 無料試用版　　　　　　　相関 ID: 88a065b8-7e01-4374-b
　　リソース グループ: Speech

CLICK!!

∨ 展開の詳細 (ダウンロード)
∧ 次の手順

リソースに移動

「展開の詳細」をクリックします。

💬 キーの準備ができました。
さっそくクイック スタート ガイダンスをご覧になり、Speech をご利用ください。
Checkout new support for Docker containers in Azure Cognitive Services (PREVIEW)

キーを取得する
CLICK!!　統合 Speech では、呼び出すたびにサブスクリプション キーが必要になります。このキーは、クエリ文字列パラメーターで引き渡すか、要求ヘッ
ダー内に指定します。キーは、左側のメニューにあるリソースの [概要] または [キー] から取得できます。

キー

「キー」をクリックするとサブスクリプションを見ることができます。

サブスクリプションキーってどこにあるの？

ゲストアカウントの場合

すでに説明した通り、「ゲスト」アカウントを作った場合は、すぐに情報が表示されます。

ここにある「キー1」と「キー2」がサブスクリプションキーです。いずれを使ってもよいのですが、必ずどこかにコピペして保存しておいてください。コードを書くときに常に必要になります。また、このサブスクリプションページもブックマークに保存しておいてください。

もしキーがわからなくなったら、もう一度「Cognitive Servicesを試す」のページに行って、同じようにゲストアカウントを作る手順をやってみてください。すでにアカウントがあるので、上記のサブスクリプションページが表示されます。

Azure 無料アカウントの場合

Azureポータルに行きます。このポータルはあなたのアカウントで登録されているサービスの情報をすべて確認することができます。ブ

ラウザでportal.azure.comというアドレスを入力するだけで表示できます（Microsoftアカウントでサインインします）。ポータルの最初のページに登録しているサービスが表示され、音声サービスもそこにあるはずなので、項目をクリックするとサブスクリプションキーが表示されます。

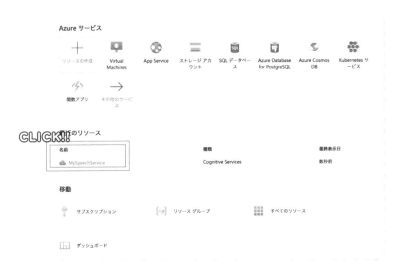

　左側のメニューで「キーとエンドポイント」をクリックするとサブスクリプションキーが表示されます。

ホーム > MySpeechService | キーとエンドポイント

 MySpeechService | キーとエンドポイント ✕
Cognitive Services

検索 (Cmd+/) ＜＜ | ↻ キー 1 の再生成　↻ キー 2 の再生成

| ◻ 概要
| ▣ アクティビティ ログ | 名前
| ⌲ アクセス制御 (IAM) | MySpeechService |
| ◈ タグ |
| ◢ 問題の診断と解決 | エンドポイント
| | https://japaneast.api.cognitive.microsoft.com/sts/v1.0/issuetoken |

リソース管理
CLICK!! ⬚ クイックスタート

↑ キーとエンドポイント

ℹ これらのキーは、Cognitive Service API にアクセスするために使用されます。キーを共有しないでください。Azure Key Vault
を使用するなどして、安全に保存してください。これらのキーを定期的に再生成することもお勧めします。API 呼び出しを行うに
は、1 つのキーのみが必要です。最初のキーを再生成すると、2 番目のキーを使用してサービスに引き続きアクセスできるように
なります。

| ◢ 価格レベル
| ⟨⟩ Networking | キー 1
| 🖴 ID | ▢▢▢▢▢▢ |
| ◷ サブスクリプションによる課金
| ⫿⫿ プロパティ | キー 2
| 🔒 ロック | ▢▢▢▢▢▢ |
| ⬚ テンプレートのエクスポート |

サブスクリプションキーの使い方

　サブスクリプションキーはMagicの音声メソッドを使うときだけ必要です。具体的には次のメソッドでのみ必要となります。

Magic.Speak（音声合成）
Magic.Recognize（音声認識）
Magic.RecognizeFromList（項目リストを使った音声認識）

　この他のメソッドはクラウドサービスを使っていないので、サブスクリプションキーは不要です。ではアカウントごとにどのような使い方の違いがあるか、Windowsと比較してみます。

音声合成メソッド

Windowsの場合：

```
Magic.Speak("こんにちは");
```

※パソコンが話す文字列だけを渡します。

Azure無料アカウントの場合：

```
Magic.Speak("こんにちは", "ABCDE");
```

※ ABCDEの部分にサブスクリプションキーをコピペしてください。""の中にサブリクションキーを入れる形になります。言語は日本語、地域は東日本（japaneast）が自動的に選択されてクラウドメソッドを呼び出します。

Azureのゲストアカウントの場合：

```
Magic.Speak(" こんにちは", "ja-JP", "westus", "ABCDE");
```

※ サブスクリプションキー以外に言語（ja-JP）と、ゲストアカウントがホストされている地域、「westus」の指定が必要となります。

音声認識メソッド

Windowsの場合：

```
string text = Magic.Recognize();
```

Azure無料アカウントの場合：

```
string text = Magic.Recognize("ABCDE");
```

※ABCDEの部分にサブスクリプションキーをコピペします。

Azureのゲストアカウントの場合：

```
string text = Magic.Recognize("ja-JP", "westus", "ABCDE");
```

※ サブスクリプションキー以外に言語（ja-JP）と、ゲストアカウントがホストされている地域、「westus」の指定が必要となります。

Mac OS でのマイクとスピーカーの調整

Mac で音声機能を使う際のトラブルシューティング

　音声認識では自分がしゃべった声がしっかりとマシンに入らないとうまく作動しません。マイクがきちんと動作しているかどうか、次のページの情報を参考に確かめてください。

　MacOSでのマイクの設定方法を調べる：検索エンジンで「Macのサウンド入力設定を変更する」を探すか、ブラウザで次のアドレスを入力します。

https://support.apple.com/ja-jp/guide/mac-help/mchlp2567/mac

バージョンを選択:

macOS Catalina 10.15　　∨

目次 ⊕

Macのサウンド入力設定を変更する

Macに入力用と出力用の別々のポートがある場合は、サウンド入力ポートとしてマイクのアイコンが表示されます。Macにサウンドポートが1つしかない場合はヘッドフォンのアイコン(🎧)が表示され、入力と出力の両方に使用できます。

コンピュータの内蔵マイク、ディスプレイのマイク(マイク内蔵の場合)、またはコンピュータのサウンドポートに接続されている外部マイクを使用できます。

1. Macで、アップルメニュー🍎 >「システム環境設定」と選択して「サウンド」をクリックし、「入力」をクリックします。

2. 使用するデバイスをサウンド入力デバイスのリストで選択します。

   リストには、お使いのMacで使用できるすべてのサウンド入力デバイスが表示されます。ディスプレイに内蔵マイクがある場合は、「ディスプレイオーディオ」として表示されます。

3. 以下のいずれかの操作を行って、サウンド入力設定を調整します:

   • 入力音量を調整する: 音量スライダをドラッグします。

スピーカーの設定

　普段から音楽を聴いたりしているのでスピーカーの不具合はあまりないでしょうが、音声合成の場合はスピーカーに問題があると音声が聞こえてきません。スピーカーの設定方法は次のページを参考にしてください。

MacOSでのスピーカーの設定方法を調べる：検索エンジンで「Macのサウンド出力設定を変更する」を探すか、ブラウザで次のアドレスを入力します。

https://support.apple.com/ja-jp/guide/mac-help/mchlp2256/mac

バージョンを選択：

macOS Catalina 10.15 ⌄

目次 ⊕

Macのサウンド出力設定を変更する

サウンドは、コンピュータの内蔵スピーカー、ディスプレイのスピーカー（スピーカー内蔵の場合）を通して、またはMacに接続されているか、AirPlayを使ってワイヤレスで使用できるスピーカーやヘッドフォンなどの機器を通して再生することができます。

1. Macで、アップルメニュー >「システム環境設定」と選択して「サウンド」をクリックし、「出力」をクリックします。

2. 使用するデバイスをサウンド出力デバイスのリストで選択します。

   リストには、コンピュータの内蔵スピーカー、コンピュータのサウンドポート（🎧）に接続されている装置、USBスピーカー、AirPlayデバイスなど、お使いのMacで使用できるすべてのサウンド出力装置が表示されます。

   コンピュータのサウンドポートに接続されている装置の場合は、「ヘッドフォン」を選択します。

3. 以下のいずれかの操作を行って、サウンド出力設定を調整します：

   • 音量のバランスを調整する: 音量スライダをドラッグします。

Windowsでパソコンが何もしゃべらないとき ── 音声合成の問題

p.46で次のような3行のコードを書いてパソコンに「私はパソコンです」としゃべらせようとしても、パソコンからは一切音が出てこないケースがあります。

```csharp
using MagicWand;

namespace Spaek1
{
    class Program
    {
        static void Main(string[] args)
        {
            string text = "私はパソコンです";
            Magic.Speak (text);
        }
    }
}
```

「開始」ボタンを押してアプリをスタートさせても何も聞こえてこないという場合は、スピーカーがオフか音量がゼロになっている可能性があります。デスクトップ画面の右下にあるスピーカーのアイコンをクリックしてみてください。

　ここで音量バーを左右に動かすとパソコンから音が出てくるはずです。スピーカーがミュート（消音）状態になっていないかも確かめてください。

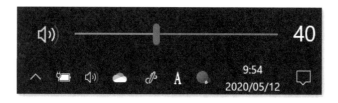

　音量バーを左右に動かしても音が出てこない場合はスピーカー設定に問題がありますので、パソコンの設定画面（コントロールパネル）で確かめてください。

　ネットで調べる：検索エンジンで「Windows 10 PCから音が出ない」で検索してみてください。多くのサイトで対処方法を紹介しています。

パソコンに話しかけても認識してくれないとき ── 音声認識の問題

CHAPTER 1ではパソコンに話しかけて、そのテキストを画面表示させました。

```csharp
using MagicWand;

namespace Speak1
{
    class Program
    {
        static void Main(string[] args)
        {
          Console.WriteLine("何かしゃべってください");
          string text = Magic.Recognize();
          Console.WriteLine (text);

            Console.ReadLine();
        }
    }
}
```

これを実行すると黒いコンソール画面が現れます。ちょっとだけ間をおいてから一言、「こんにちは」とパソコンへ向かって話してみてください。認識がうまくいけば画面に「こんにちは」というテキストが表示されますが、それがうまく表示されない場合があります。

①全く別のテキストが表示される

たとえば「高知は」や「後にじゃあ」など、言ったことと全く別の
テキストが表示される場合があります。

②全く何も表示されない

何か言っても何も表示されず、しばらくするとアプリが終了してし
まう場合があります。

いずれの場合も、原因は次の3つが考えられます。

1. マイクが機能していない
2. マイク音量が小さすぎる
3. マイク音量が大きすぎる

1つひとつチェックして、最低でも「こんにちは」は確実に認識し
てもらうようにしましょう。

チェック①：マイクが機能しているかどうか確認する

まずは皆さんが使っているマイクを設定する方法を理解しましょう。
まず、デスクトップ右下のツールバーにスピーカーのアイコンがあり
ます。そこで右クリックしてください。

そこから「サウンドの設定を開く」を選択します。

　サウンドの設定画面が現れ、そこに「入力」というセクションがあ
ります。まず「入力デバイスを選択してください」のドロップダウン
で何が選択されているか確認してください。本書のプログラミングで

音声認識を使う場合は、ここで選択されているマイクが使用されます。ノートパソコンの場合は内蔵マイクが自動的に選択されているはずですので、ここに問題があるケースは少ないと思います。

　問題はデスクトップマシンで、外部マイクを接続していない場合は「入力デバイスが見つかりません」というメッセージが表示されているはずです。

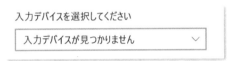

　この場合は外部マイクを用意して接続しないといけません（詳細はp.254で解説いたします）。卓上マイクやマイクつきヘッドフォンを接続すれば、そのデバイス名がここに現れるはずです。

　まずはここで入力デバイス（マイク）が指定されないと音声認識は一切行われませんので注意してください。

チェック②マイク音量が小さすぎないかどうか確認する

　入力デバイスが設定されていても認識がうまくいかない場合はマイク音量に問題があるケースがあります。その際には2つの問題があります。音量が「小さすぎる」場合と音量が「大きすぎる」場合です。まずは音量が小さいのが問題なのかどうか確かめてみます。

　先ほどのサウンドの設定画面の入力セクションに「デバイスのプロパティ」というリンクがあります。ここをクリックしてください。

⌂ ホーム	サウンド
設定の検索	サウンド デバイスを管理する
システム	入力
□ ディスプレイ	入力デバイスを選択してください
◁» サウンド	マイク配列 (Realtek High Definitio... ∨
□ 通知とアクション	アプリによっては、ここで選択したものとは異なるサウンド デバイスを使用するように設定されている場合があります。サウンドの詳細オプションでアプリの音量とデバイスをカスタマイズします。
♪ 集中モード	デバイスのプロパティ
⏻ 電源とスリープ	マイクのテスト
□ バッテリー	⏺ —
▭ 記憶域	⚠ トラブルシューティング
	サウンド デバイスを管理する

CLICK!!

　すると「デバイスのプロパティ」画面が現れます。ここで現在使っているマイクのボリュームが調整できます。「テスト」ボタンをクリックして何かしゃべってください。

⌂ デバイスのプロパティ

🎤 マイク配列　　　　　　　　名前の変更

☐ 無効にする

ボリューム

CLICK!!

🎤 —————●———— 50

テスト

声に合わせてボリュームのレベルが上下して表示されるはずです。

　バーがピークのときに半分近くまで行けば十分です。あまりバーが長くならない場合はマイク音量が小さすぎる証拠ですので、ライン上の調整バーをマウスのドラッグで右側に移動させ、マイク音量を上げてみてください。ここでは49から100に上げています。

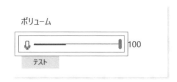

　マイク音量を上げることができたらウインドウをすべて閉じ、音声認識のアプリで再度テストしてみてください。

チェック③マイク音量が大きすぎないかどうか確認する

　ここまでで、マイクはきちんと指定されていて、しかもある程度のマイク音量があることも確認できました。それにもかかわらず音声認識がうまくいかない場合は、逆にマイク音量が大きすぎて音が歪んでいたり、ノイズが入っていたりするケースがあります。音声にノイズが入ると音声認識は大きく精度を落とすため、しっかりと調整する必

要があります。

　まずは、実際に自分の声がどのように録音されているか確認してみてください。Windowsのスタートメニューの検索ボックスに「ボイス」とタイプしてください。すると「ボイスレコーダー」というアプリが現れます。

　これはWindows 10に標準で搭載されているアプリです。これを立ち上げるとすぐに録音ボタンが現れます。

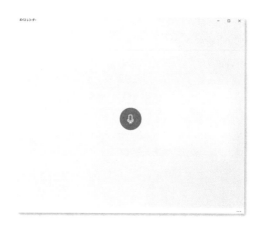

　操作はとても簡単です。マイクアイコンをクリックすると録音が始まりますので、何かしゃべってください。録音を止める場合はマイクアイコンから変わった停止アイコンをクリックします。

　録音が終了したら実際の音声を聞いてみてください。再生するには再生ボタンを押します。

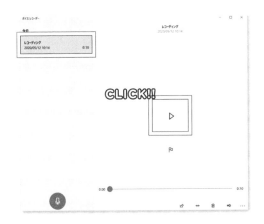

　ここで録音された自分の声を聞いてみて、音声が"割れている"ような感じになっている場合は、マイク音量が大きすぎる証拠です。これを調整する必要があります。

　先ほどマイク音量をテストした「デバイスのプロパティ」ウインドウで、右側にある「追加のデバイスのプロパティ」をクリックしてください。

すると「Microphoneのプロパティ」ウインドウが現れます。そこにある「レベル」タブをクリックしてください。

　マイク音量が100のMaxに設定されている場合は90程度に落としますが、たいていの問題はそこにはありません。音声が歪んでいる場合は、下の方にある「Microphone Boost」というのが大きすぎるのが原因である可能性が高いです。そこで、「Microphone Boost」をゼロに落とします（注：マイクブーストがない機種もあります。その場合はマイク音量を下げるだけで調整できます）。

　あとは「OK」ボタンを押し、「デバイスのプロパティ」ウインドウも閉じてください。そしてアプリを開始してみてください。今度は「こんにちは」が正しく認識されるはずです。

音声認識のコツは「はっきりとしゃべる」こと

　録音された音声がある程度きれいに聞こえるように調整しても音声認識がうまくいかない場合は、話し方に気をつけてください。基本的なことですが、はっきりとクリアな声でしゃべることで認識率がぐんと上がります。たとえばパソコンからちょっと離れて、小さくモゴモゴと「こんにちは」と言うと、私のマシンでもこんな誤認識となります。

本書は
－

　「ほんしょは」と「こんにちは」は発音が似ています。はっきりとしゃべらないとこのような誤認識が発生するのです。コンピューターに話しかける際には、口元をしっかりと動かし、発音をはっきりさせることに気をつけてみてください。これだけでも認識率はグンと上がります。

　一方、音声認識エンジンが知らない言葉を使っても誤認識は発生します。たとえば「きゃりーぱみゅぱみゅ」と言ってもせいぜい「キャリー神々」くらいにしか認識しないでしょう。これは誤認識というより未知語があるために起こる問題です。この場合はどんなにはっきり話しても認識されませんので、特殊な言葉はなるべく使わないようにしてください。

MagicWandWinEasy を参照する

　ここまでの音声調整を行っても、音声認識がしっかりと機能しない場合は、新しいプロジェクトを作り、「MagicWandWinEasy」を参照してください。参照の仕方はp.41と同じで、参照するものを「MagicWandWin」ではなく、「MagicWandWinEasy」にするだけです。この「MagicWandWinEasy」は、本書で紹介している音声認識に限定して、あらかじめリストを作成し、音声認識できるようにしています。たとえば、p.89の「こんにちは」、p.91の「私は佐藤です」、p.103の「カレーライス」、p.121の「名古屋の明日の天気を教えてください」など、本書で紹介している音声認識を確実に認識できるようにしてあるので、どうしても音声調整がうまくいかない場合は、この「MagicWandWinEasy」を参照した上で、コードはサンプル通りに入力して音声認識を行ってください。音声認識が成功しないと機能しないプログラムなどもあるので、必要に応じて使ってください。「MagicWandEasy」は本書で行っている音声認識のみに特化しているので、それ以外の言葉、たとえば「私は板垣です」と話しても、認識されない可能性があるので注意してください。

外づけマイクを使うこともできる

　マイクの音量設定や話し方を変えても一向に音声認識がうまくいかないこともあります。たとえば、マイクのドライバー（Windowsでデバイスを動かすためのソフト）に問題があって音声にノイズが入ったりするケースです。もちろんデバイスドライバーを適正なものに更新

したりすれば直りますが、なかなか簡単にできることではありません。こうした場合は、外づけのマイクを使用する方法もあります。別途、マイクを買う費用がかかってしまいますが、自然な音声認識にこだわりたいなら試してみてください。

☜マイクつきヘッドフォンと卓上マイクの例

　どちらにも共通しているのは、次の2つの点です。

①USB経由で簡単にパソコンにつなげられる
②マイクを口元近くまで持っていける
　口元にマイクがあると入力音声がとてもクリアになります。さらにノートパソコンの内蔵マイクに比べるとドライバーなどの問題が少ないのも良い点です。もし内蔵マイクできれいに音声が録音できない場合は、外部マイクを使うことをおすすめします。

外づけマイクを使うと、音声認識の成功率が上がるんだ！

板垣 政樹

いたがき・まさき

米国マイクロソフト社のシニアプロジェクト・マネージャ。
Cloud and AIグループの音声・言語チームで、AIデータ管
理、プライバシーおよびセキュリティ管理に関するプロジ
ェクトを担当。音声技術に携わる前の2005年から5年間
は、言語エンジニアとしてターミノロジー管理システムの
開発をする。著書に『ITエンジニアの英語術』
(KADOKAWA)、『ITエンジニアが覚えておきたい英語動
詞30』（秀和システム）などがある。

Twitter：@IppunkanProgram

....

今すぐ書ける　1分間プログラミング

2020年6月19日　初版発行

著者	板垣 政樹
発行者	川金 正法
発行	株式会社KADOKAWA
	〒102-8177 東京都千代田区富士見2-13-3
電話	0570-002-301(ナビダイヤル)
印刷所	大日本印刷株式会社

デザイン	北田 進吾（キタダデザイン）
イラスト	松本 セイジ
校正	鴎来堂
DTP	山口 良二